Sherwin B. Nuland
許爾文·努蘭 | 楊慕華 譯

死亡的臉

一位外科醫師的生死現場

How We Die:
Reflections on Life's Final Chapter

名人推薦

我常常把一句話掛在嘴邊：「善終是需要準備的。」最近覺得應該要再加上一句：「為了好好準備，你需要理解死亡是什麼。」

我們每個人一輩子都在準備人生下一個階段會來的事，無論是問人或看書，但似乎只有死亡，我們不想知道關於它的一切、不想看到它的長相，甚至不想聽到它的名字，只是它一定會發生。《死亡的臉》這本經典之作，就是希望告訴我們死亡的樣貌，唯有多一點理解，才能有更好的準備。

朱為民｜臺中榮總老年醫學、安寧緩和專科醫師

人生必死，沒有人能逃過死亡。作者從醫者角度看過許多病人的死亡歷程、生動地寫下那些死亡過後，又被現代醫療拉回現實，這些都是醫生、甚至是一般人難以置信的歷程。

隨著醫療科技越來越進步，能被急救回來的病

人會越來越多，因此「死亡的臉」也會越來越清晰。如果你還不了解這些變化，可以先閱讀這本書，你會發現：死亡，其實是一張你終將熟悉的臉。

黃軒—花蓮慈濟醫院國際醫學中心副主任

努蘭醫師以描述幾種常見的致死疾病，從其發病到死亡的過程，探討醫學在進步之後，所面臨的「過度醫療」，甚至是「無效醫療」的嚴肅課題，所以它不僅是本醫學科普的著作，也是探討面臨死亡及其過程的哲學書。

誠如書中所言，病危的人最大願望是「能夠平靜地走向死亡」，而醫師普遍的形象是「能夠統御最先進的醫藥，將岌岌可危的病患從生死邊緣拉回」，努蘭醫師以在生死之間拉鋸的數十年經驗，深入探討箇中問題，所觸及的論點發人深省，值得大家一讀。

蘇上豪—外科醫師、金鼎獎得主

二〇〇九年序

本書提筆至今已度過十七個年頭，感覺上，我們應該生活在一個與當時不同的世界。確實，不論國家、經濟與文化事務，甚至是全球各個社會之間的關係，都已經在可預見與不可預見的方向上起了變化。然而，有個跟人類一樣古老的領域，我們依然受縛於過往的種種不完備，以至於欠缺的面向幾乎毫無變化。

沒錯，我指的正是人類在二十一世紀之初是怎麼死的。過去十年，當然曾出現令人期待的變化，可是這些變化實在太少，還不夠影響我們以及我們深愛的人；即使隨著時間的流逝，改善變得更加急迫，還是沒有帶來什麼提升。樂觀來看，確實有越來越多以感受力應對臨終前身心變化的例子，我們對此額手稱慶，認為是邁向圓滿的一大步，畢竟各文明都在追求所謂的圓滿：人要善終。然而只要我們更實際，或更能認清現狀的嚴重性，大概就不會那麼篤定了，搞不好還會玩味起經常有人引述的一句話，也就是十九世紀阿芳斯・卡赫（Jean-Baptiste Alphonse Karr）在法國諷刺小報《黃蜂》（*Les Guepes*）上寫的：「改變的越多，不變的就越多（Plus a change, plus c'est la mme chose）。」

事實就是如此，太多人的死亡經驗依然一成不變。當科技式醫學讓我們治療的患者有了想像與期待，我們大部分人也比從前更意識到自己對患者的責任，然而這種意識卻沒有帶來廣泛且切身的改善。就像卡赫黃蜂身上的針，這個令人不快的事實自然刺痛了社會，也刺痛著每一位醫者的良知。

更多討論與加強觀念都不足夠，甚至把瀕死者的同理照護當成課程的努力，也經常是零散的、膚淺的，結果終究是徒勞。舉例來說，由於越來越強烈意識到本身的不足，且意圖改進，已導致醫學院課程有嘗試性的改變，但設計上仍舊是希望多於達成的確定性。如今，要提倡人性態度的觀念，靠的是給學生、教職員獎項或其他形式的表揚，意圖在同理心與醫療照護獎勵模範，起到見賢思齊的作用。至於由講座與課程拼湊成的「醫療人文教育」（Medical Humanities），其概念與教學的設計，都是針對科學醫學在日復一日棘手而乏味的差事中必然產生的冷酷。現在的學生要參加工作坊和小組討論，研究文學和美術作品中涉及醫學專業的例子；也仔細研讀較不發達社會的醫療行為，想引以為現代醫院、郊區或大城市臨終照護的借鏡。臨床醫學老師以及他們由其他學門邀請來的同事，一直在努力推陳出新，想要讓學生以及接受專科訓練的醫生具備感受力。因為在醫治重病者時，病況瞬息萬變的緊急情形下，往往很容易忘記，或根本把感受力丟掉了。然而學院的努力還是在紙上談兵，遮掩了實際臨床會碰到的真正情況。課堂上所學，能帶進急診室、加護病房或急症照護醫院其他住院病房的，往往遠低於教師們的預期。在講堂上討論這些題目，當然可以激起年輕心靈的責任感，然而一旦面臨緊急的醫療狀況，學習而來的心態很快就會從崇高目的中偏離。所以僅僅教授人道醫療的準則，不必然能培養出人道精神的醫師。

如果以為醫師臨床診斷的態度，得取決於他們在討論課學習的新醫學倫理原則，大概也會落入同樣下場。醫療倫理或生物倫理的訓練，自一九六〇年代開始有影響力以來，在全世界已開發國家中的成長一直很受注目。不僅美國絕大部分醫院都設有研討倫理難題的委員會，在許多其他國家也經常是諮詢參考的來源。委員會通常是由醫療、護理以及行政人員的「有識之士」組成，有時也會有當地社區的人，包括地方官員。他們會商議醫師診斷的種種問題，也經常處理到寧可以安寧照護舒緩生命的最後時光而不做無效醫療的決定。

我們無法估計這類委員會的效能如何，至少不能以量化的方式衡量。這些「有識之士」真的比一般醫療人員更有見識嗎？醫師是不是真的任何情況都會請求諮詢，而不只是找人幫自己的決定背書？委員會的成員是否具有所謂「生物倫理」正統學科的專業能力？因為此學科可是大學或智庫部門的哲學、法學、醫學、護理學、神學以及自然科學的飽學之士，都還在彼此質疑挑戰的，這些事務儘管深奧，卻會直接影響病患照護與臨床診斷。還有，一般大眾有多少人曉得有委員會的存在？到醫院外的團體演講時，我經常苦惱地發現，一般人完全不曉得有委員會，或可以尋求類似管道減輕無效治療的沉重負擔，這可是病患與家屬最沉重的願望，也是需要。不知有多少次聽到人們說，某醫師出於或這或那令人起疑的理由，不顧病患書面或口頭上的預立醫囑。這些人卻不曉得還有個單位可以讓自己的需求不再沉默，已預立的醫囑也能順利執行，以減緩甚至免除二度受苦。

正因為如此，即使我們想辦法要改善本書十七年前指出的狀況，有些部分也施展不開。而明顯可見地，其他進步若不是有些地方受阻而無法發揮最大潛能，成效應該會更高。譬如說，緩和醫療或舒緩照護的成長，在不到二十年內就吸引了非常多高熱忱的人。事實上，《死亡的臉》一書剛出版時，這門學問還正在起步之際，它的成長與發展都要感謝那些接受緩和醫療的人，他們的生命（以及死亡）使醫者發展出越來越豐富的技術。

同樣地，一九六七年由桑德絲（Dame Cicely Saunders）在英國開啟的安寧療護運動，一九七四年傳入美國，然後又遍及全世界，已慰藉了無數瀕死病患及其家屬。在安寧機構、安寧居家護理，以及新的一群緩和醫療醫師之間，已建立起一種庇護與減少痛苦的氛圍。以美國來說，一九八三年起政府醫療保險（Medicare）為年滿六十五歲的長者提供安寧照護給付，可是只限於以下對象：一、醫師證明他們的預期壽命不到六個月；二、自備全天候的照顧者；三、同意僅接受緩和醫療，而不進行治療性的醫療行為。醫師通常不願意預測死亡的時限，也同樣不願意中斷積極的治療，結果就是，來到安寧病房或其他緩和醫療單位的病患，通常已餘日無多，只有幾天或幾星期好活，要有完整的慈悲關懷已是太晚。這些事情都讓計畫在執行上難以達到理論說的成效。

目前，大約三〇％的美國人死於急症醫療院所，這數字在醫院密集的地方如都會區，更是急遽攀升。除此之外，這些人絕大部分是在加護病房嚥下最後一口氣，比率幾乎高達三分之二。那種地方根本談不上平靜祥和。醫院是表現醫學成就的地方，加護病房和急診室更是如此。在那些地方服務的年輕醫生，以及負責督導他們的主治大夫（通常也沒比受訓的住院醫師年長幾歲），對他們來說，為了拯救生命不論投入多少、做得多過分，都不算毫無價值。總之，在那些地方，「搶救」文化仍像十七年前一樣大行其道。

本書中你會看到我是這麼寫的：「醫生普遍最意識到的自我形象」就是要能夠「統御最先進的醫藥，將岌岌可危的病患從死亡邊緣拉回來」。從寫下這些話一直到今天，我覺得這種思考方式並沒有什麼顯著改變。我們這麼多人試著諄諄教誨年輕醫師要以醫者自許，而不是疾病的征服者，把人蹂躪到生不如死的邊緣，然而一切還是枉然。因為唯有征服才能帶來心理上的成就，只要失敗的機會不是絕對，或不致使糟糕的狀況惡化，這種態度就值得嘉許。人就是不見棺材不掉淚。我們必須學習放慢速度，用清澈雪亮的臨床醫療眼光評估病患，研判我們為了求勝是不是反而造成大屠殺，是否反倒扼殺對病人有利的可能性。因為病人最大的願望不外乎是，不管還有多少可能性，都情願能夠平靜地死亡，離開親人、朋友，告別與所愛的人們共度的此生。

前言｜選擇屬於自己的死亡

每個人都想了解死亡的細節，但卻很少人願意承認。無論是預測我們自身最後的時刻，或是想更加理解垂死的所愛之人身上究竟發生了什麼事——更可能是人類天生本能對死亡的好奇——我們都被生命終結樂章的種種所吸引。對大部分人而言，死亡仍是一個不可說的祕密，既誘人又恐怖。我們無可抗拒地被這件最令人懼怕和焦慮的事情所吸引，受一種招惹危險的原始快感所引誘。人和死亡的關係無異於飛蛾撲火。

似乎沒有人真的能在心理上接受自己的死亡就是一種永久的無意識狀態，既不是空虛，也非真空——就只是「空無一物」而已。死亡似乎也與生命誕生前的「空無一物」大不相同。就像面對其他逐步逼近的恐懼與誘惑一樣，我們想盡辦法拒絕承認死亡的力量，以及擺脫盤據腦海中死亡冰冷的掌控。因為死亡如影隨形，我們企圖以傳統的方法，有意識或潛意識地掩飾它的真相，如民間故事、寓言、夢，甚至笑話。近數十年來還出現了新方法：我們創造出一種現代的死亡方式。現代的死亡發生於醫院之內，在此處死亡可以藏身，生物的腐敗得以潔淨，然後再以現代的葬禮來包裝。我們現在不但否認死亡的力量，甚至否認大自然本身的力量。我們在死亡之前掩面，但手指仍然微微張開，因為心裡還是忍不住想偷窺其中奧妙。

我們撰寫死亡的腳本，渴望垂死親人能夠照樣演出，而他們的表現通常也還符合我們的期望。這個腳本是西方社會傳統上的死亡信仰，過去幾個世紀都認為善終是對靈魂的拯救，對家人與朋友也是提升心靈層次的經驗，並且在文學與藝術作品中歌頌「死亡的藝術」（*ars moriendi*）。一開始，死亡的藝術是宗教性與精神性的目標，如同十五世紀印刷商威廉．卡克斯頓（William Caxton）所描述的，是「人類靈魂崩壞的藝術」。數百年來，這個概念逐漸演變成美好的死亡，更精準地說是正確的死亡方式。由於我們想將死亡隱藏淨化，特別是為了搶救生命，臨終一幕常發生於專業化的隱蔽場所，如加護病房、腫瘤研究機構，以及急診室，這使得死亡的藝術變得十分困難。善終逐漸變成一種神話。儘管過去善終多半也只是神話，但從未像今日這般遙不可及。這種神話的主要成分就是對於理想中「有尊嚴的死亡」的渴望。

不久前，診所裡有位四十三歲的律師來看診，三年前我曾替她動過早期乳癌的手術。雖然她現在已經痊癒，而且可望獲得根治，但那天她似乎特別不安。看完診，她要求多留一會兒跟我談談。她開始說起最近在另一個城市過世的母親；她母親也是乳癌，和她幾乎算是治好的病一樣。「我媽媽臨終前很痛苦，」她說道，「無論醫師如何努力，都無法使她舒服一點。這與我預期中的平靜過世全然不同。我以為生命的結束是神聖的，以為我們能談談她的一生以及我們在一起的時光。但完全不是這回事——太多痛苦，太多止痛劑了！」然後，她突然嚎啕大哭：「努蘭醫師，我媽媽死得一點尊嚴也沒有！」

我的病人需要我一再保證，她母親過世的方式是正常的，她也沒有做錯任何事，導致母親無法得到她所預期的那種神聖、有尊嚴的死亡。她所有的努力與期盼都落了空，因此這個聰明的女人顯得十分絕望。我試著向她闡明，相信死亡應有尊嚴，是我們以及社會企圖應付死亡真相的辦法；但死亡通常是一連串毀滅性的過程，本質上就會使死者的人性崩解。在我看過的死亡過程中，有尊嚴的並不多。

當我們身體衰敗時，想要贏得真正的尊嚴亦已不可為。有時——非常偶然地——特別的人有了特別的死亡情境，也是天時地利人和才有的結果；但這種幸運的匯集並不常見，除了極少數人，發生的機會微乎其微。

我寫這本書，是為了揭開死亡過程的神祕面紗。我並不是想把死亡描述成一個充滿疼痛、令人厭惡、逐步崩解的可怕過程，只是想把它在生物學與臨床觀點上的真實面呈現出來，正如那些目睹過與經歷過死亡的人所見。只有在誠實討論死亡的詳細過程時，我們才能面對那些我們最害怕的事情。藉由了解真相與做好準備，我們才能超越對未知之死亡世界的恐懼，免於自我欺騙與幻滅。

關於死亡與死亡過程的文獻已有不少，泰半是想幫助喪失親人的人應付情緒的傷痛；身體衰敗的詳細過程則大多未被強調。只有在專業期刊上，才可找到描述不同疾病奪取我們活力與生命的真正過程。

我的工作以及畢生與死亡相關的經驗，已確認約翰．韋伯斯特（John Webster）觀察的「死亡之門成千上萬」的確不假；但我更期待能實現詩人里爾克（Rainer Maria Rilke）的祈求：「噢，主啊，賜給我們每個人屬於自己的死亡吧！」因此這本書是關於死亡之門，以及通往死亡之途；我嘗試將它寫成：只要情況許可，我們每個人都可以選擇屬於自己的死亡。

我選了當今六種最常見的疾病類別，不只因為這些是取走大多數人類性命的致命疾病，還有另一個理由：這六類疾病的一些性質，可以代表我們死亡之時都會經歷的共通過程。血液循環停止、組織缺氧、腦部功能喪失、器官衰敗，以及維生中樞毀壞——這些都是死亡騎士的武器。熟悉這些現象，有助於了解一些書中沒有述及的疾病所造成的死亡過程。我選擇描述的疾病，不只因為這是我們通往死亡最常見的途徑，也因為無論最後使人致命的疾病多麼罕見，都會經歷同樣的過程。

我母親在我十一歲生日的一週後死於結腸癌，這件事影響了我的一生。我之所以成為今天的模樣，而非走上其他道路，都能直接或間接地追溯到她的死亡。當我開始寫這本書時，我哥哥也才因結腸癌去世一年多。在我的職業與個人生涯之中，半世紀以來一直目睹死亡的迫近，而且除了生命的頭十年，我也一直在死亡的相伴下努力過活。在這本書中，我試著將自己從上述經歷所學得的一切告訴大家。

〔作者按：除了第十一章的羅伯特．狄馬蒂（Robert DeMatteis），本書提及的所有病患及家屬均使用假名，第八章出現的瑪莉．狄佛醫師（Dr. Mary Defoe）事實上是三位任職耶魯新海文醫院年輕醫師的綜合體。〕

目次

死亡之門成千上萬，由人自行。

——約翰·韋伯斯特，《馬爾菲公爵夫人》
（John Webster, *The Duchess of Malfi*, 1612）

Chapter 1

The Strangled Heart

絞痛的心

每個生命都是獨特的，與過去所有的生命都不相同，死亡也是如此。我們每個人的獨特性甚至包含我們死亡的方式。雖然大多數人都曉得不同的疾病將經由不同的過程把人們帶向死亡，但只有極少數人能完全了解，最終將人類靈魂與肉體拆離的力量有無窮無盡的方式。每樁死亡的獨特性就好像在世時擁有一張獨一無二的臉一般，與他人截然不同。每名男子斷氣的樣子都是前所未有的；每個女人也將以自己獨特的方式，走完生命最後旅程。

在我從醫生涯中第一次直接當面看到無情的死神時，才剛上醫學院三年級沒多久。死神盯上了一個五十二歲的男人，他躺在大型教學醫院單人房的床上，蓋著被子，身下剛鋪好的床單皺巴巴的。從我見到我的頭號病人到他死亡，短短不到一個小時——多麼令人不安的命運安排！

詹姆士・麥卡提先生是一個位高權重的建築公

司經理，但不幸的是，成功的事業卻使他過著我們現在知道等於自殺的生活方式。不過這起病例發生在距今四十年前，當時我們對於享樂生活危害健康的認知還不夠，吸菸，大啖紅肉、大片培根、奶油，以及暴飲暴食，這些對功成名就的犒賞還被視作無害。麥卡提先生終日久坐不動，身材日漸肥胖鬆垮。他過去也曾在工地現場指揮員工，隨著建築公司事業蒸蒸日上，他現在寧願安坐辦公室，傲慢地發號司令。麥卡提先生整天在舒服的旋轉椅上發布公文命令，轉身就可清楚地眺望新海文公園，以及他中午最常去飽餐一頓的烤肉餐廳。

麥卡提先生的住院經過至今仍歷歷在目，因為這突如其來且令人震驚的生命休止符，早已在我心中烙下永遠的痕跡。我永遠不會忘記當晚的所見所聞，以及自己所做的事。

九月初一個炎熱潮溼的晚上，麥卡提先生在八點左右到達急診室，主訴是胸骨後區域有一種緊縮的壓迫感，且延伸到喉嚨與左臂。這種壓迫感約在一小時前發生，那時他剛吃完豐盛的晚餐，抽了幾根菸，還接到一通令人不悅的電話，是他剛進貴族女子大學念大一的驕縱么女打來的。

實習醫生在急診病歷上記錄麥卡提先生看起來蒼白、冒汗且心跳不規則。十分鐘過後，心電圖推到麥卡提先生床邊並開始記錄，他不規則的心跳穩定下來了，氣色看起來也好了一些。心電圖顯示麥卡提先生罹患了心肌梗塞，意即心壁有一小塊區域壞死了。此時麥卡提情況看起來還算穩定，因此準備將他轉到樓上的一般病房（五〇年代還沒有心臟加護病房）。他的私人醫生前來探視，還認為麥卡提看來已經脫離危險期了。

麥卡提先生在晚上十一點時轉到病房，我正好也在那時抵達。當晚我沒有值班，才剛離開兄弟會召募新生的舞會。一瓶啤酒和高昂的歡樂氣氛使我特別有自信，我決定去當天早上才分配到的病房責任區一趟，那是我在內科見習的第一站。三年級的醫學生正開始接觸病人，當然會對臨床工作充滿狂熱，我也不例外。我到責任區去找實習醫師，看看會不會遇上需要急救的病患，那我就能盡力幫忙處理。如果需要進行緊急醫療措施——如插胸管、脊椎穿刺，我相當樂意幫忙。

當我到達病房時，實習醫師達夫．巴斯克姆（Dave Bascom）一把抓住我的手臂，好像鬆了一口氣似的。「你能幫幫我嗎？喬（值班的醫學生）和我為一個情況惡化的脊髓灰質炎病人忙壞了，我需要你幫忙處理五〇七房的冠狀動脈疾病病人，幫新病人做住院常規檢查，好嗎？」好嗎？當然好，簡直太棒了！這就是我回病房的目的！四十年前的醫學生，比現在的醫學生擁有更大的病患處置權，而且我也知道，如果入院常規檢查做得好，在麥卡提先生康復過程中，我將被授權更多的工作。我熱切地等了幾分鐘後，兩位護士中的一位才將我的新病人氣定神閒地從轉移床移至病房床上。當護士匆忙走到走廊另一端去協助處理那個脊髓灰質炎的病患時，我趕緊溜進麥卡提先生的病房裡，把門關上。實習醫生達夫很可能回來接手處理，我可不願意冒這個風險。

麥卡提先生以微弱且費力的笑容迎接我，但看到我出現恐怕無法使他覺得安心。這些年我一直在想，當我這個二十二歲的稚氣男孩走到床邊去詢問病史、要求做檢查時，這個肥胖、難纏、有權有勢的大老闆心中作何感想。但其實麥卡提先生沒有什麼機會去想這個問題。當我在他床邊坐定時，他突然頭往後仰，大吼一聲，彷彿是源自他那絞痛的心臟深處。他握緊拳頭，用力捶打自己的胸口，同時他的臉和脖子一瞬間浮腫發紫。他的雙眼往前迸出，好像要掉下來似的。最後，麥卡提長長吐出一口氣，斷氣了。

我大叫他的名字，然後大叫實習醫生達夫的名字，但大家都在長廊另一端那個忙亂的灰質炎病房裡，我知道不會有人聽到。我能做的只有衝到樓下穿堂去尋求協助，但這可能又延誤了治療的寶貴時機。我把手指放在麥卡提的頸動脈上，但感覺不到脈搏。奇怪的是，那天我特別鎮定，我決定自己處理。放手一搏可能會惹上麻煩，但總比讓病人死亡而不想辦法急救好吧？我別無選擇。

在那個年代，心臟科病房都有一個裝著剖胸術（thoracotomy）器械的急救包，這是在病人心臟突然停止跳動時用的。體外的心肺復甦術（cardiopulmonary resuscitation, CPR）在那個年代還未發明，那時對於心臟突然停止跳動的標準急救法就是直接按摩心臟，也就是打開胸廓，把心臟抓在手中，規律地擠壓。

我撕開急救包的無菌包裝，把上層單獨放置方便拿取的手術刀抓在手裡準備剖胸。雖然我從未做過這種急救措施，甚至看都沒看過，但接下來的動作竟像自動進行。我從麥卡提先生左乳頭下方開始劃下一道很長的切口，在沒有移動他半坐臥姿勢的情況下，儘可能從胸骨附近深入。此時只有少數顏色汙黑的血液從切開的動脈和血管滲出，並沒有大量的血流出，這更進一步證實他心臟的確停止跳動了。我在那流不出血的肌肉上再劃一刀，就進入胸腔了。我把一種叫做自動牽引器（self-retaining retractor）的兩腳鐵製器械放在他的肋骨間，然後撐開支架，好讓我的手能進入胸腔，抓住麥卡提那顆靜止的心臟。

當我摸到名叫心包膜（pericardium）的纖維囊時，我知道裡頭的心臟正在顫動著。我的指尖可以感受到一種不協調、不規則的心臟顫動，這就是教科書上所說的心室顫動，是心臟停止前的痛苦掙扎。我用未消毒的雙手，拿著剪刀剪開了心包膜，儘可能輕柔地抓起麥卡提抽動的心臟，開始施予穩定持續有節奏的擠壓，也就是心臟按摩，以便在使用電擊器讓心臟顫動回復正常跳動之前，維持腦部血流。

我以前讀過文章形容進行心臟按摩的感覺，好像手握一袋裝滿溼黏亂動的蟲子一般，文章描述得一點都沒錯。我馬上就感到手在擠壓心臟時阻力越來越小，顯然心臟內已經沒有血液了，我所做的一切都白費了；沒有血液自心臟流出，就沒有血液到肺臟攜帶氧氣。但我仍持續擠壓著。接下來令人震驚的事發生了：死去的麥卡提先生，此時他的靈魂顯然已經離開軀體，突然頭往後仰，用呆滯無神的眼睛往上瞪視天花板，喉嚨發出像地獄之犬般令人毛骨悚然的聲音。我後來才曉得這只是麥卡提先生發出的死亡訊息，由於剛死之人血中酸度增加，引起喉部痙攣所發出的聲音而已。這彷彿是麥卡提先生在告訴我罷手，我為了挽救他的生命所做的一切努力都徒勞無功。

這時病房內只有我與麥卡提先生的屍體。我望著他那呆滯的眼神，發現了一件我早該注意的事：麥卡提的瞳孔已經固定擴大，這意味著他已腦死，而且顯然再也不會對光有任何反應了。我離開這歷經浩劫的病床，才猛然發現全身都溼透了。我滿頭大汗，而雙手與白色醫師短袍則浸滿了自麥卡提胸口湧出的失去生命力的汙黑血液。我哭了，顫抖地啜泣著。我這才意識到剛才曾對麥卡提大吼，要求他活下去，在他左耳用力喊他名字，還以為他聽得到。我為自己的失敗感到挫折懊悔，為他的死亡而悲傷。

實習醫生達夫一把推開門衝了進來，看了一眼病房內的情況，就了解剛才發生的事了。這時我已經哭到不可抑制，肩膀抽搐。達夫走到床邊，然後像二次大戰老片子的演員一般把雙手放在我肩膀上，鎮定地說：「好了，兄弟，沒事了，你已經盡了全力。」他開始溫和有耐性地告訴我麥卡提先生無可避免的死亡，其臨床及生物學意義何在。但我只記得一句話，就是他輕聲告訴我：「你現在知道當一個醫生是什麼滋味了吧！」

面對死亡

詩人、散文作家、歷史學家、幽默作家與智者常常在作品中提及死亡，卻很少親眼目睹。醫師與護士經常目睹死亡，卻很少以文字記錄下來。大部分的人終其一生大概會目睹一兩次死亡，但當時多半哀痛逾恆，以致無法留下可靠的記憶。大災難生還者則很快地建立起強有力的心理防衛機轉，來對抗他們歷經的夢魘，也因此扭曲了目睹的真相。有關人們如何死亡的可信資料並不多。

現今這個時代，已經很少人親眼目睹所愛的人死亡了。現在已經很少人在家中過世，即使有，也多半是一些慢性病人，而這些病人通常服用了許多藥物、止痛劑，掩蓋了不少死亡的真相。大約八〇％的美國人是在醫院過世的，而醫院卻掩蓋了生命最後旅程的許多細節，即使是病人生前最親近的親友也無從得知。

我們圍繞著死亡過程發展出一套神話。像大部分神話一樣，死亡過程的神話也是基於人類心理上的共同需要而產生：一方面是為了對抗恐懼，另一方面也是為人們提供希望，藉此消除我們心中對真實死亡的恐懼。大多數人都盼望死亡迅速降臨，或是在睡眠中發生，「這樣才不會感到痛苦」，我們同時也認定最後的生命歷程應該在安詳中度過。我們需要相信死亡過程中能保持神智清醒，屆時一生的重要歷程縮影將會重現；不然最好就是陷入無痛苦的無意識狀態。

有關醫學的藝術作品中，最有名的應是路卡．費爾德爵士（Sir Luke Fildes）在一八九一年所畫的〈醫生〉（The Doctor）吧！畫面上的景色是在英國海岸一個樸實的漁夫小屋，一個小女孩安靜地躺著，好像已經死了。我們看到一旁哀傷的父母，以及充滿同情心、憂愁的醫師徹夜守候在小女孩旁，但對於死神的魔掌卻無力對抗。當這位畫家被問及這幅畫的涵義時，他說：「對我而言，這個主題相當感傷，也許令人恐懼，但卻十分美麗！」

費爾德知道的顯然不只如此。在畫這幅畫的十四年前，他曾親眼目睹親生兒子死於傳染病；在現代醫學即將發跡的十九世紀末，傳染病曾奪去許多孩子的幼小生命。我們不知道是什麼疾病奪去了他兒子菲力普的生命，但恐怕都不會是一個美麗的生命句點。如果他罹患的是白喉，那恐怕是窒息而死；如果是猩紅熱，可能死於譫妄與高燒；如果是腦膜炎，那死前恐怕有癲癇發作與無法控制的頭痛。在畫中的孩子，可能已經忍受過上述那些痛苦，而進入最後平靜的昏迷了；但在「美麗」的死亡降臨前的痛苦，肯定是小女孩與她的父母所無法忍受的。我們很少會想到這一點。

比費爾德早八十年的畫家法蘭西斯科．哥雅（Francisco Goya），則在作品中更坦誠地面對死亡；我想大概是因為在他那個年代，到處都可遇見死亡的發生吧！他的畫作〈白喉〉（或稱〈哮喘〉，The Croup），是在歐洲現實主義的年代以西班牙寫實派手法所繪。我們看到醫生一手托住男孩的頸部，另一手伸入他的喉嚨內去撕下白喉偽膜，以免病人窒息死亡。作品的西班牙名

（即病名）顯示了哥雅創作的率直，更顯示了在那個年代，人們的日常生活對於死亡習以為常。他取名為〈El Garrotillo〉，意思是勒殺，也就是病人最後的死法。過去人們一直是如此對抗真實的死亡，至少在西方是如此。

我既然用了「對抗」這個字眼，不管有什麼心理因素，都必須暫停一下來思考：是否在麥卡提先生過世將近四十年後，我有時仍然無法避免落入一般人對死亡的看法，亦即將死亡當作對個人生命的最終挑戰，一場非贏不可的仗？在這種看法下，死亡是一個必須戰勝的冷酷敵人，我們要不以高科技的生化醫學武器來抵抗它，要不就是降服順從在死神之下。向死神降服，現在社會上叫做「有尊嚴的死亡」，這句話表達了人們對於想要平靜地越過死亡門檻的渴望，以及對生命最後掙扎的厭惡。

但事實上，我們不需要「對抗」死亡，它只是生命自然歷程的一環。死亡不是真正的敵人，真正的敵人是疾病，我們需要對抗的是疾病可怕的力量；死亡只是一場精疲力竭的敗仗後的產物。甚至我們對抗疾病時，也必須知道疾病只不過是把人們送回類似出生前身體、心靈那種「非存在」狀態的方法罷了，這是一趟無法改變的旅程。無論重大疾病的治療有多驚人的突破，就算醫學進展一日千里，也只是生命終點前的緩刑。

醫學將疾病分為「可治癒」和「不可治癒」兩類，也造福了人類，持續增加各種治療方式，將生死間的自然平衡推向延長生命的那端。但現代醫學也引導出錯誤的幻想，使人們拒絕面對不可避免的死亡。太多實驗室的醫師都已違反了古希臘哲言：「醫學永遠是一種藝術。」醫師要把醫學當作一種藝術，最重要的就是他必須釐清那些界限模糊的治療方式，斷定它們的成功機率：哪些是一定有效，哪些是可能有療效，哪些是毫無機會。一個深思熟慮的臨床醫師應常思及「可能有療效」與「療效存疑」之間的取捨，這種智慧是終生臨床抉擇的經驗累積，也是應該與患者共同分享的部分。

缺血的心臟

麥卡提因心臟病導致死亡，在當時無法避免。雖然在一九五〇年代，我們已經了解心臟疾病的生理基礎，但對於心臟病的治療仍然極少，而且以現在眼光來看，也多半不適當。如果在今日，一個與麥卡提有相同毛病的人來到醫院，不只可以活著出院，心臟功能也將大為改善，大概還可以多活好幾年。歸功於這些實驗室的醫生，現在大約有八〇%的患者可以自第一次心臟病發作中生還，對他們而言，心臟病發作不失為一個好消息，提早發現的治療效果顯著，不至於延誤就醫而喪命。

的確，醫學的進步大幅改變了生死間的自然平衡，心臟病的治療已比過去改進許多，但這並不意味著心臟病不再是致命的疾病。雖然大部分第一次心臟病突發的病人，現今將得以生還，但每年美國還是有至少五十萬以上的人，死於與麥卡提同類的疾病，另外每年又增加四百五十萬人被診斷出罹患心臟病。約八〇%最後因心臟病致命的人都是死於缺血性心臟病（Ischemic heart disease，又稱冠狀動脈心臟病），這也是目前工業國家的首要死因。

麥卡提心臟壞死是由於得不到足夠的氧氣，而得不到氧氣乃是因為得不到足夠的血紅素——一種血液中攜帶氧氣的蛋白質。得不到足夠的血紅素是因為得不到足夠的血液，而得不到足夠的血液是由於冠狀動脈硬化導致動脈管腔變硬、變窄，無法容納更大量的血液流通之故。發生動脈硬化的原因，可能與麥卡提的飲食習慣、抽菸、缺乏運動、高血壓、遺傳等因素有關。而他驕縱女兒打的那通電話，也可能引起他已經非常狹窄的血管發生痙攣。就像使他憤怒地握緊拳頭一樣，這突如其來的血管緊縮，可能將冠狀動脈壁上的血栓塊撕裂，一旦發生這種情況，這撕裂的血栓塊將會導致血塊凝集，完全堵塞住血管，使得原本已經血流不足的心臟更形惡化。這稱為「缺血」（ischemia）的結果將會使麥卡提的心肌壞死一大塊，因而干擾心臟正常節律，導致心室纖維顫動發生。

麥卡提的心肌很可能並沒有因為缺血而壞死，但在心肌梗塞發生時，單單缺血就會引起心室纖維顫動。此時身體會因受到重大刺激，分泌大量的腎上腺素類物質。心臟要仰賴電流傳導系統才能規律和協調運作，而麥卡提的電流傳導系統崩潰了，因此奪去他的生命。

一如其他醫學名詞一般，「缺血」這個字也有許多有趣的典故和軼事。在敘述死亡的故事時，它會一再出現，因為這是奪取生命最普遍的隱藏力量。雖然心臟壞死可能是「缺血」的潛藏危險最戲劇性的例子，但這種中止氧氣與養分供應的狀況，乃是許多致命疾病的共同要素。

「缺血」這個詞彙與概念是在十九世紀中期，由一個鹵莽但才氣縱橫的小夥子所提出。他以突發奇想的方式開始他的研究，但六十年後，他為自己贏得了「德國醫學教皇」的美稱。魯道夫．維丘（Rudolf Virchow, 1821-1902）對於了解疾病如何破壞器官與細胞的貢獻卓越，他人望塵莫及。

維丘在柏林大學任職病理學教授的五十年間，寫了超過二千篇的文章和書籍，內容不只局限於醫學，還包括人類學與德國政治。因為維丘是自由主義的國會議員，主張獨裁的俾斯麥曾向他要求決鬥。但在選擇決鬥武器時，維丘堅持使用手術刀，使這場荒謬的決鬥無疾而終。

在維丘眾多的研究興趣中，他特別著迷的部分，應是疾病如何影響動脈、靜脈，以及其中的血液成分。他闡明了栓塞（embolism）、血栓（thrombosis）與白血病的原理，並為其命名。為了找一個可用來描述細胞和組織被剝奪血液供給的專有名詞，維丘選擇了希臘文的「ischano」（這個字是由印歐語系字根「segh」演變而來，代表壓抑、停止、剝奪之意），並將這個字與「aima」（代表血液）結合，以「ishaimos」指稱血流的抑制。此外，維丘造出了專有名詞「ischemia」（缺血），以這個字來描述通往身體組織的血流減少或完全停止的狀況，所謂的組織大至腿部或心臟部分肌肉，小至細胞。

血流減少是一種相對說法。當器官活動增加，需氧量上升，需血量也上升。若動脈狹窄，而無法擴張管徑、增加血流以供器官組織需要，甚至因某種原因導致管壁攣縮而更減緩了血流，以至於器官的氧氣供應不足，就會立即導致缺血。由於疼痛和生氣，心臟在得到足夠的血液之前會持續不斷發出警訊，造成胸口的壓迫感，此時人們的自然反應就會減緩或停止那些超過心肌負荷的活動。

有個例子可解釋上述情形。每年四月回春，重新穿上慢跑鞋的業餘跑者，小腿肌肉都會有突然過度使用的情況。由於狀況不佳的動脈所能供應的血液量，不敷疏於運動的小腿肌肉的需求量，因而導致缺血。此時小腿肌肉可能因含氧量不足而抽筋，以警告這名跑者必須停止跑步，避免肌肉細胞壞死，即梗塞（infarction）。當這種激烈的疼痛發生在過度使用的小腿時，我們稱之為痙攣；但若發生在心肌時，我們則稱之為心絞痛；所以心絞痛就是心肌痙攣。若心絞痛持續太久，就會導致心肌梗塞。

心絞痛（angina pectoris）是由拉丁文「阻塞」（angina）和「胸部」（pectus）組成的名詞。這個專有名詞是由十八世紀著名的英國醫師威廉・赫伯登（William Heberden, 1710-1801）率先使用。赫伯登的貢獻不只是創造了這個名詞，更重要的是他對於心絞痛相關症狀的詳細描述。在一七六八年一篇討論各種不同形式胸痛的文獻中，他寫著：

有一種胸痛，症狀非常明顯和獨特，相當危險，發生率也不低，值得花較長的篇幅敘述。鑑於它的症狀，且發作時胸部有絞痛感和焦慮不安，我們暫時可稱之為心絞痛。患者通常在走路、爬坡、飯後立即散步後發作，感到胸部有緊縮感與疼痛感，甚至感覺疼痛再持續下去就快死了。但只要停下來不動，上述症狀就會消失。

赫伯登在觀察近百位這類病人後，提出心絞痛的發生率和病程：

此病多發於男性，特別是超過五十歲的男性。此症狀持續一年後，就算是停止走路，胸口疼痛也不會馬上停止；胸痛開始不只在走路時會發作，甚至連躺在床上（特別是左側躺）也會發作，使患者不得不起床。一些長期患者在騎馬、坐馬車，甚至吞嚥、咳嗽、上廁所、說話，以及不安煩躁時都會發作。

赫伯登被這種一直惡化的病程震撼住了：「沒有意外的情況下，疾病的病程還是會一直發展到高峰，最後幾乎所有的病人都會倒下猝死。」

麥卡提連感受到心絞痛的機會都沒有，他第一次心臟缺血就死了。由於心室顫動導致腦死，最後心臟更停止跳動，不再有血液從心臟輸往大腦。大腦缺血，而後身體其他組織也相繼死亡。

但是在幾年前，我曾遇到一個因心肌梗塞而幾乎死亡，但又奇蹟似地被救回的人。愛爾夫・里普辛納是一個又高又壯的證券商，他在人生的運動場上，一直是個積極求勝的運動員。雖然他長期患有糖尿病，需要控制胰島素，但乍看之下，糖尿病似乎沒在他精力充沛的身體上造成影響。不過他四十七歲那年經歷過輕微的心臟病發作，而他父親正好就是在同樣年紀死於心臟病。那次發作對於他的心臟功能沒有太大損害，所以他仍持續過著活躍的生活，沒受到太大妨礙。

在一九八五年一個週末下午，五十八歲的里普辛納在耶魯大學室內球場打網球，球賽已經進入第三個小時。兩個球伴先行離去，因此必須由雙打改為單打。新的一局才剛開始，里普辛納突然倒在地上不醒人事，沒有任何預警或是疼痛的前兆。很幸運地，隔壁球場剛好有兩個醫生在打球。他們及時衝過來，發現里普辛納已沒有呼吸，也沒有心跳，而且眼神呆滯毫無反應。兩位醫師正確判斷里普辛納正處於心室纖維顫動的狀態，他們立刻開始對他做心肺復甦術，直到救護車趕來。這時候里普辛納開始有反應了，在救護車上接受氣管內插管時，心臟甚至恢復自發性規律跳動。很快地，他從耶魯新海文醫院急診室醒了過來，並問道：「什麼事讓大家這麼緊張？」

兩週後，里普辛納出院了，完全由心室纖維顫動的危機康復。數年後，我在他的馬場遇見他。他每天從工作中抽空，獨自騎馬、打網球健身。以下是里普辛納描述那天在網球場上幾乎猝死的親身經歷：

我唯一記得的事是我突然就倒了下來，沒有感覺疼痛。所有的光線都暗了下來，好像你在一個小房間裡，燈突然關了一樣。唯一不同的是，光線是漸漸暗下來的。換句話說，它不是像這樣（此時他手指發出「啪噠」一聲，表示關燈之意），而是像這樣（此時他用手往下畫圓，像是飛機緩緩降落狀），漸漸地，幾乎是像螺旋狀地（此時他遲疑了一下，然後噘起嘴唇，徐徐吐出一口氣）。由明轉暗是很確定的事，但是速度越來越慢。

我意識到我已倒下了。我感到好像有人從我身上取走生命一樣。那感覺像是——我打個比方：我過去有隻狗，被車撞了，當我看見牠躺在地上時，牠已經死了。牠看起來還是同一隻狗，只是萎縮了。你知道，全身都萎縮了。我的感覺也是一樣，就好像氣球漏了氣一樣——噗——

里普辛納的大腦血流突然中斷，導致他感覺周圍視野逐漸變暗。因滯留腦中的血流，其所含氧氣逐漸被用盡，導致大腦開始衰竭，表現出來的就是視力與意識逐漸變弱，不是像電燈開關一下關掉，而是像亮度調節鈕那樣逐步轉暗。這就是里普辛納想要表達的，以螺旋狀的慢動作脫離意識，甚至進入死亡。此時醫生對他做心肺復甦術，口對口的呼吸把氧氣擠入肺臟，心臟按摩運送血流至重要器官。里普辛納的心臟做出回應，決定恢復正常功能。而里普辛納幾乎猝死的原因，則與大部分沒有住進醫院的心臟病人死因相同，起於心室纖維顫動。

里普辛納倒下之前並未感覺到胸痛，而導致心室顫動的原因，可能是在一九七四年他第一次遭受心肌梗塞的心肌部分區域，對於化學物質刺激過度敏感所致。至於當時為何會發生心室顫動，原因很難確認，一個合理的推測和那天過度激烈的網球運動有關。激烈運動刺激過量的腎上腺素分泌進入血流，導致冠狀動脈痙攣而引起心律不整。這次偶發而難以預測的心肌缺血症，似乎沒在里普辛納身上留下後遺症，不過他再也不敢連續打網球超過兩小時了。

一小時之內

里普辛納在心室顫動前沒有任何心肌痙攣的跡象，是相當罕見的病例。大部分心臟猝死的病患，死前大概都會感到典型的胸痛。如同前面所舉有關小腿痙攣的例子一樣，缺血性心臟病引發的胸痛是很突然而且很劇烈的。胸痛的感覺多半是緊縮感，或被鉗住一樣，有時候表現為重壓感，好像有無法承受的鈍物壓在前胸，而且這種疼痛會延伸到左臂、頸部、下顎。這種感覺是很恐怖的，即使是一些經常心絞痛的患者也不例外，尤其每次胸痛發作時，都會很真實地感受到死亡越來越迫近。患者感到的痛苦多為冒冷汗、噁心、嘔吐、氣促。如果缺血情形在十分鐘內未獲改善的話，缺氧的情況就不可逆轉，會造成心肌壞死，即心肌梗塞。如果發生心肌梗塞，或是缺氧擾亂了心臟傳導系統，大概二〇％的患者在送達急診室前會死亡。但如果可能在心臟科醫生所說的「黃金時間」裡送往醫院急救，死亡率至少會下降一半。

大約五〇％至六〇％左右的缺血性心臟病患者，會死於某一次發作的頭一小時內。每年約有一百五十萬個美國人罹患心肌梗塞（約七〇％在家中發生），所以不難了解為何冠狀動脈心臟病被稱為美國人與其他工業國家人民的頭號殺手。幾乎所有的心肌梗塞生還者，都會被醫生宣告心臟的幫浦功能逐漸降低。

如果考慮所有情況的話，約有二〇％至二五％的美國人死於猝死——意即那些不曾住院和接受居家看護的人，在症狀發作後幾小時內意外死亡。而這些猝死中，約有八〇％至九〇％是源於心臟病，其餘的原因則是肺臟、中樞神經或主動脈的問題。如果死亡是突然而立即發生，那幾乎都是因為缺血性心臟疾病。

缺血性心臟病的患者通常都有以下特質：抽菸、飲食無節制；對於做家事、運動、維持正常血壓漠不關心；有糖尿病史或心臟病家族史；A型性格（個性好強、急躁）。這些心絞痛病人的個性，很像愛表現的小孩子在學校課堂中舉手大喊：「選我吧！我一定做得比別人都好！」這些人都是很容易分辨的，死神也會特別找上門。也就是說，冠狀動脈心臟病通常是有跡可尋，而非隨機偶發。

在了解膽固醇、吸菸、糖尿病、高血壓的潛在危險性之前，醫學界早就開始描述死於心臟病者的特徵了。美國第一本醫學教科書（一八九二年）的作者威廉・奧斯勒（William Osler），當時描述到麥卡提之類患者的特性：「神經質的人不易罹患冠狀動脈疾病，而是像那些粗野、活力十足、野心勃勃的人，打個比方，只要是所謂『火力全開』的人，恐怕都是心絞痛的好發者。」

即使現代醫學如此發達，還是有不少人死於第一次心臟病發作。這些人的直接死因是心律不整，而非心肌壞死，和幸運生還的里普辛納情況相同。心律不整是由於缺血（或局部化學變化）破壞了心臟的電流傳導系統所致，電流傳導系統因為過去曾受過損害而變得太敏感，已經不堪負荷。但今日大部分死於缺血性心臟病的患者，和里普辛納和麥卡提的病例不同。他們通常發生多次梗塞也都治療成功，但心臟功能仍逐漸衰退。長年累月下來，心肌壞死的面積逐漸增加，直到衰竭的心臟終於喪失功能。心臟終於停擺了，因為缺乏力量，或是最後一次的梗塞使得控制心臟電流協調的指揮系統再也無法修復了。那些把醫學當科學的實驗室醫師完成了許多貢獻與成就，藉由這些研究成果，把醫學當藝術的臨床醫師能選擇對患者最有益的處置，使心臟病患者病情大幅改善，享有長期穩定的健康。

但是，每天有一千五百個美國人死於缺血性心臟病，不論是突發死亡還是逐漸衰竭，這仍是不變的事實。雖然自一九六〇年代中期起，現代醫療技術與預防醫學已大幅降低其死亡率，但是新診斷出冠狀動脈疾病患者的數目，恐怕是不可能降低的，即使在未來十年也一樣。這種無情的疾病，正如其他許多人類的死因一樣，還是持續存在著，依舊在地球生態系中扮演著奪取人類性命的決定性角色。

為了了解心臟的幫浦功能如何因一連串的事件而逐漸損壞，我們最好先了解一下健康的心臟具備何種奇妙的特質，能夠執行如此精巧複雜的功能。這就是下章一開始要討論的主題。

Chapter 2

A Valentine—and How It Fails

衰竭的心

一如孩童所知，心臟的形狀是心形的。心臟幾乎都是由心肌構成，裡面中空，分為四個腔室。其中，縱向的中隔壁（septum）將心臟隔為左右兩部分，而垂直於中隔壁較薄的橫向壁，則將心臟區隔為上下兩部分，如此就形成了心臟的四個腔室。因為心臟的左右部分有一定的獨立性，所以在中隔壁左邊的心臟，我們稱為左心；同理，右邊的心臟就稱為右心。在區隔心臟上下部分的橫向壁上，左心和右心各有一個裝著單向瓣膜的管道，使血液能從心臟的上半部（即心房）流至下半部（即心室）。在心臟正常而健康的情況下，當心室充滿血液時，上述瓣膜就會緊閉，以防止血液倒流回心房。心房是接受血液回流的腔室，而心室即是輸出血液的腔室。因此，心房的肌肉壁厚度，就不及強而有力的心室那麼厚。

某方面來說，我們倒像有兩個心臟，其間以中隔壁相連。各自有接收回流血液的上腔，和一個類似強有力幫浦的下腔。左右心臟功能大不相同：右心接收來自身體組織回流「用過的」血液，然後經由較短距離，將這些血液送至肺臟，以便交換氧氣。左心則接收來自肺臟的含氧血，然後將這些血液輸出，運至全身。因為左右心功能不同，早在幾世紀之前，醫生就把這兩條血流途徑稱為大循環與小循環。

一個完整的血流循環，其起源是兩條大靜脈接受來自身體上半部和下半部的汙黑色缺氧血；由於其起點、容量和相關解剖位置之故，因此在二千五百年前，希臘醫師就已將這兩條大靜脈分別命名為上腔靜脈與下腔靜脈。這兩條大靜脈將其血液注入右心房，然後血流經由通往右心室之瓣膜（右房室瓣，或稱三尖瓣，tricuspid valve），流入右心室，最後右心室將血液輸入壓力約三十五毫米汞柱的肺動脈，肺動脈隨即分支，分別進入左右肺臟。血液在肺臟的小氣囊（即肺泡）中再度充氧，然後這些鮮紅色的血液，就經由肺靜脈進入左心房，而後進入左心室，最後經由左心室輸出，將充氧血運至身體各部分，最遠可至腳趾。

因為如此強大的力量約需一二〇毫米汞柱，所以左心室壁厚達一點三公分，是心臟四個房室中肌壁最厚的。心臟每次收縮，輸出七十毫升的血液，因此心臟每日在約十萬次強力的收縮下，打出約七千多公升的血液。心臟收縮的機制，是造物主的一個傑作。

如此複雜的程序，需要極精密的協調；而這種協調，是源自右心房頂靠近腔靜脈入口的一小撮橢圓形組織，所發出的極細微纖維傳導訊息而達成。這撮組織所在的這一點，正是腔靜

正常成人心臟的外觀，可以看到冠狀動脈

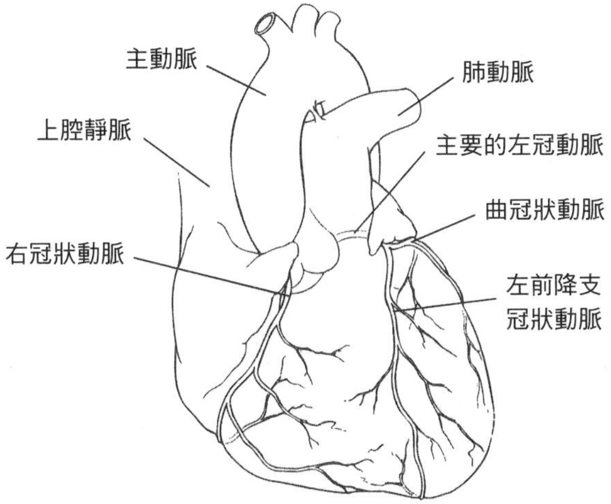

正常心臟的剖面，箭頭表示血流方向

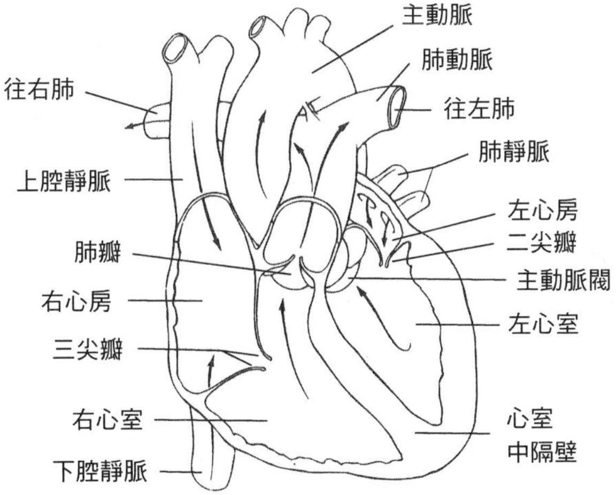

脈進入心房之點，也就是血液開始由心房流向肺臟的起點；因此，沒有其他地方比這個點更適合發出控制心臟的節律了。這一小撮組織叫做竇房節（sinoatrial node, SA node），是負責發出引起心臟跳動節律的節律器。一撮纖維自竇房節攜出訊息，傳至心房與心室中間的訊息轉接站（即房室節，atrioventricular node, AV node），然後自房室節經由稱為希氏束（bundle of His）的網狀纖維將訊息傳至整個心室肌肉。（希氏束之命名是為了紀念其發現者，一個十九世紀瑞士解剖家，大半生任職於萊比錫大學。）

竇房節是心臟內部節律的發出者；外來的神經雖可影響心律，但是唯有來自竇房節的電流，才能決定那奇妙的、永不出錯的心臟節律。古文明的智者一再看到裸露於外的動物心臟仍能繼續規律地跳動，這個歎為觀止的現象使他們認為，這個擁有偉大自動機制的器官，定是靈魂憩居之處。

花冠似的背叛者

心臟腔室中的血流，只是流經心肌，血流並不會停下來去滋養那些忙於將血液擠入大小循環的心肌。因此，維持工作量巨大的心臟的養分供應，是由一群特別分化出來，環繞心臟的冠狀血管——即冠狀動脈——來提供的。冠狀動脈的主枝一直走到心尖後，分出許多細小的末枝，來提供鮮紅色的充氧血給規律跳動的心臟。在健康的情況下，冠狀動脈是心臟的朋友，但罹患疾病時，它常在心臟最需要氧氣時運作失效。

冠狀動脈常常背叛它所維持的心臟肌肉，美國死亡人數至少有一半是由於它的背叛所造成。這些反覆無常的血管，對待女性總是比對待那些必須在外討生活的男性仁慈——意即心肌梗塞在女性不只較罕見，而且發生的平均年齡也較晚。女性發生第一次梗塞的平均年齡約為六十多歲，但男性的好發年齡要比女性早上十年。雖然冠狀動脈要到上述年齡才會狹窄得足以威脅心肌之存活，但這種血管硬化、管腔變窄的病程早在更年輕時就已開始了。一個常被引用的研究，是在韓戰中喪生的軍人；死後解剖發現，這些年輕人中有四分之三，其冠狀動脈已開始有血管硬化的現象了。不同程度的血管硬化幾乎可在每個美國成人身上發現，病程早在青少年時期就已開始，且隨年齡增長而日趨惡化。

這些阻塞血管的物質為黃色塊狀物，叫做「斑塊」（plaque）。它緊密附著在動脈內膜上，並突出管壁。這些斑塊是由細胞與結締組織構成，主要是一些組織碎屑和脂肪。因為其成分多為脂肪，所以這種斑塊被稱為粥狀硬化塊（atheroma）。「athere」為希臘文「麥片粥」之意，而「oma」是指腫瘤。粥狀硬化塊的形成是動脈硬化最常見的原因。亦即，動脈硬化就表示粥狀硬化塊使血管壁變硬。

當粥狀硬化塊開始形成，它會越變越大，並與鄰近的斑塊融合，同時也自血中吸取鈣質沉積於上。結果粥狀硬化塊越來越大，在血管內延伸了相當長一段距離，並使管壁變得又脆、又硬、又窄。一條硬化的血管很像一根老舊鉛管，疏於維護下，管壁累積了厚厚一層鏽和沉積物。

在發現心絞痛與心肌梗塞是因為冠狀動脈血管狹窄所造成之前，已經有些醫生開始觀察死於心肌梗塞患者的心臟了。愛德華．金納（Edward Jenner，即一七九八年發現天花疫苗的醫師）對於任何疾病總是孜孜不倦地學習。對於病故的病人，他會做病理解剖以探求病因。在那個時代，醫生必須自己做死後病理解剖。在多次解剖後，金納開始推測他在解剖時發現的冠狀動脈狹窄，可能是引起胸痛的直接因素。在一封寫給同僚的信中，他記錄了最近一次病理解剖心臟的經驗：

> 我的解剖刀切到一種又硬又脆的物質，幾乎把刀子弄出缺口了。我抬頭看了看破舊剝落的天花板，以為是上頭掉落的一些石灰碎屑。但經過更進一步的檢查，我真正的結論是：這些冠狀動脈，已變成像骨頭一樣硬的血管了。

雖然經過金納的仔細觀察和醫生們逐漸累積的經驗，慢慢了解冠狀動脈阻塞會損害心臟，但直到一八七八年，醫生們才有能力正確診斷心肌梗塞。聖路易的亞當．罕莫醫師（Dr. Adam

Hammer）是從一八四八年革命失敗後的鎮壓行動中逃出來的德國難民，他在維也納醫學期刊上提出了病例報告：〈一條心臟冠狀動脈栓塞的病例報告〉（這裡有個有趣的語言現象，冠狀動脈的德文叫做「Kranzarterie」，其中「Kranz」是花冠之意，也因此給了心臟相當詩意的稱呼）。罕莫曾被召去會診一個突發心臟病的三十四歲病人，病人的狀況快速惡化，隨時會死亡。雖然醫生們都知道導致猝死的原因是心肌缺血，但還沒診斷出是心肌梗塞所引起，甚至想都沒想過。罕莫愛莫能助地看著病人死去，對他的同儕提出一種看法：病人的冠狀動脈完全堵塞，導致心肌壞死。所以罕莫認為他必須進行病理解剖，以證實這個新理論。對於一個橫遭親人猝死的家庭而言，求得病理解剖的同意權是很不容易的，但經驗豐富的罕莫，藉由一點點金錢的補助，克服了家屬的反對。罕莫在他的文章裡，坦白地寫著：「在面對這種通行世界的補償方案時，即使是最幽微的焦慮不安——包括來自宗教的考量——都會讓步。」罕莫的堅持終於有了報償：他發現蒼白、黃棕色的心肌（這顏色代表梗塞）和完全阻塞的冠狀動脈，證實了他的理論。

在接下來的幾十年中，有關缺血性心臟病和心肌梗塞的學理逐漸建立。在一九〇三年引進心電圖後，醫生們能夠記錄心臟傳導系統纖維的訊息，並很快就能藉著這種電流的改變，來判讀心肌是否處於血液供應不足的狀況。其他的檢驗技術也發展迅速，包括自血中偵測出壞死心肌釋放出的酶，以證實心肌梗塞的發生。

單一的梗塞，通常是特定的一條冠狀動脈阻塞，導致其供應營養的心肌壞死，面積通常有十三至十九平方公分大。這特定的罪人，有一半以上是冠狀動脈的左前降支，此血管經過左心前壁直抵心尖，然後逐漸變細，分出分支進入心肌。由於左前降支最常阻塞，所以心肌梗塞一半以上在左心室前壁發生。左心室後壁血流由右冠狀動脈供應，此血管阻塞所造成之梗塞，約占了所有梗塞的三〇％至四〇％。左心室側壁由冠狀動脈左迴旋支供應，其阻塞所造成之梗塞，則占了一五％至二〇％。

左心室，這個心臟最強有力的幫浦，是全身組織和器官養分供給的動力源頭，幾乎在每次心臟病發作時都會受損——每支菸、每片奶油、每片肉和上升的血壓，都使得冠狀動脈越來越硬，對血流阻力越來越大。

當冠狀動脈突然完全堵塞時，心肌缺氧的情形就會發生。若缺氧的時間和嚴重度已經使缺氧的肌肉無法恢復，那麼心絞痛就會演變成心肌梗塞：受傷的心肌會由極端蒼白的缺血變成壞死。若心肌受損的範圍很小，還不足以引起致命的心室纖維顫動或心律不整，這塊腫脹、受損的心肌，將勉強維持下去，直至逐漸癒合結疤為止。這個區域，以後便無法像心臟其他區域一樣，強力而規律地跳動了。當患者自每一次心肌梗塞復原時，他的心臟就失去一塊好的心肌，而增加一塊結痂組織了，因此心室的力量也逐漸減弱。

當動脈持續硬化時，即使未發生心肌梗塞，心室收縮的力量也會逐漸減弱。冠狀動脈的細小分支堵塞並不會引起病人的警覺，但還是會使心臟收縮的力量逐漸減弱，最後就會變成心臟衰竭。與麥卡提的猝死不同的是，心臟衰竭是一種慢性心臟病，約有四〇%的冠狀動脈心臟病患者，最後因心臟衰竭死亡。

溺死於心臟病

不同的環境因素與組織損傷程度，決定了患者心臟功能處於何種程度以及何種形式的危險情況。每一階段主導的因素可能各有不同：有時候是部分阻塞的冠狀動脈遭受痙攣或栓塞影響的程度；有時是受損的心肌波及傳導系統出問題，使心臟受到極小的刺激就會過度激動，甚至引起纖維顫動；有時是傳導系統本身對訊息傳導變得很遲緩，甚至使心臟停止跳動；有時則是心室因結痂太多、變得太虛弱，無法將心房流入的血流，再有力地輸送出去。

如果把像麥卡提這種死於第一次心臟病發作的患者數目，與初次病發幾週或幾年後再度發作而猝死的患者數目合併計算的話，大概有五〇%至六〇%的缺血性心臟病人是死於猝死。剩下的病患，則是緩慢地、痛苦地死於慢性鬱血性心臟衰竭（chronic congestive heart failure）中的一種。雖然近二、三十年來，死於心臟病突發的病患已減少了三〇%，但死於鬱血性心臟衰竭的人數也差不多增加了三分之一。

鬱血性心臟衰竭，是結疤太多的虛弱心肌，無法在每一次收縮時，輸送足夠的血量所導致的結果。當已進入心臟的血液無法被輸送進入大小循環時，其中的一些便倒流回靜脈，再倒流回其他器官，造成肺臟與其他器官因積血而壓力上升。這種器官積血的結果，會導致血液中某些成分經由小血管壁滲漏至組織內，導致水腫。肝臟與腎臟等器官，便會因此而無法發揮正常功能，而且左心室又無法輸出足量的新鮮充氧血至上述器官，已經水腫的器官得不到足夠營養，會使情形更加惡化。因為流入器官與流出器官的血流量不足，使整個血液循環的速度慢了下來。

無法排出而停留在心臟的血液，其壓力會使心臟逐漸擴大。心室肌肉也會變厚，以補償其虛弱的力量。心臟因此變得看起來十分龐大，但只是虛有其表而已，它還是得增加心搏速率，以便輸送更多的血液。不久，心臟的情況越來越差，必須跳得更快才能供應足夠的血流，以維持身體所需。這擴大、變厚的心臟竭力跳動著，其需氧量當然超過那已變窄的冠狀動脈攜帶的氧量，因此心肌就更進一步地損傷，甚至新的不正常節律也因此出現。其中有些不整節律是致命的，心室纖維顫動這類致命的心律不整就幾乎奪走了半數以上心臟衰竭病人的性命。因此，無論心臟如何虛有其表地擴大，衰竭的心臟仍因想盡力代償不正常的機能，而愈加衰竭，形成一種惡性循環。如同一個心臟科醫生所言：「心臟衰竭引起心臟衰竭。」這衰竭心臟的主人，也就一步步向死亡邁進。

心臟衰竭的患者，後來變得稍有活動便喘個不停，這是因為心肺都已無法供應活動所需氧量之故。有些患者連躺下都沒辦法，因為他們必須保持直立的姿勢，以便靠重力把肺內過多的血液排出。我知道很多病人除非墊好幾個枕頭，否則幾乎無法睡眠；而且他們半夜也常因陣發性氣促而醒來。心臟衰竭的病人，也會長久感到疲倦、無精打采，原因是心臟輸出血液不足，導致氣促與組織養分供應不足。

由中央靜脈回傳至身體末梢靜脈的壓力增加，引起腳與腳踝的水腫；但當病患長期臥床時，重力便會使得這些液體堆積在下背與大腿。雖然現在並不太常見，但在我還是醫學生的時代，仍常會看到一個端坐在床上的病人，腹部和兩腳浮腫，費力地聳動肩膀、大口呼吸著每一口氣，好像這是活命的最後機會似的。在那些和死亡搏鬥失敗的病人們張大的口中，我們可以發現因缺氧而呈藍色的脣和舌；而且即便是在「溺死」（指那些身上積水過多的心臟衰竭患者）的病人口中，脣舌仍如羊皮紙一樣乾燥。醫生們不敢對那些全身組織積滿水、兩眼鼓出、焦慮非常的病人做任何處置，怕會越弄越糟，只能愛莫能助地聽著病人死前可怕的哮喘和恐怖的喉聲。在那個時代，我們對於末期病患，除了鎮靜止痛，能做的有限；因為知識悲憫地告訴我們：我們越想解除患者的痛苦，就使患者越接近死亡一步。

雖然現今不太常見，但上述情形偶爾仍會發生。一個心臟外科教授最近寫信告訴我：「有許多難以治癒的末期心臟衰竭病患，他們生命最後幾小時或幾天，因為身體積水過多，是極不舒服且極為可憐的；而醫生們只能無助地看著他們，給予嗎啡止痛。這種離開人世的方法很難受。」不只是心臟本身，長期積水、缺血的組織，使病人的死法更加多樣。最後，被凌虐的器官終於衰竭。當腎臟、肝臟衰竭時，生命也結束了。腎臟衰竭或尿毒症是一部分心臟病人的死亡途徑；偶爾，肝功能衰竭，常出現黃疸的徵狀，也會引起病人死亡。

心臟不只是愚弄自己，使其過度工作，也愚弄那些想幫助它度過困難的器官。腎臟為了要減低心臟的負荷，應該過濾掉血中多餘的水和鹽，但心臟衰竭患者的腎臟卻反其道而行。因為腎臟正確地感受到血流量比正常時要少，所以它分泌荷爾蒙以幫助回收濾過的水和鹽，回到血液循環，來代償血量不足。如此體內水分不只沒有減少，反而增多了，更加重了原本就已負荷過重的心臟負擔。衰竭的心臟同時騙過了自己和腎臟，腎臟想提供協助卻幫了倒忙。

積滿水的肺，血液循環也差，是細菌生長的溫床，也很容易引起發炎，這也是為何許多心臟病患死於肺炎的緣故。但這積滿水的潮溼肺臟，還不需要細菌滋生來充當殺手。如果體內水分突然增多，就會產生肺水腫，是許多長期心臟病患通往死亡的最後途徑。無論是心臟新的損傷，或是心臟負荷突然加重（如激烈運動或高漲情緒），甚至只是三明治內多了一點鹽（我知道有人死於上述情形，稱之為「五香燻肉引起之急性心臟衰竭」），過多的水分就會流往肺臟並堆積於內。嚴重呼吸困難產生，哮喘也開始了。最後血液缺氧引起腦死，或是心室纖維顫動與其他心律不整。就在你看書這一刻，全世界定有許多人正因上述情形而死亡。

傷痕累累的心

心臟衰竭患者的人生最後過程，大概可以用我曾目睹的一個病患之病史來作為縮影。在慢性心臟病的參考座標中，赫利斯・基登斯可稱為典型人物。因為他那無法控制、日趨惡化的病情，栩栩如生地顯示出缺血性心臟病最常見的病程。

基登斯是美國南方小鎮上的成功銀行家，八〇年代後期，四十五歲的他與我的生命交會。他那時才剛自巴爾的摩的約翰・霍浦金斯醫院（Johns Hopkins Hospital）久住後出院，他的醫師試過各種已知的治療卻毫無效果，無計可施下將他轉到那裡，希望他日益嚴重的心絞痛與心臟衰竭能夠減緩，或至少可以有些改善。基登斯獨自來到巴爾的摩求醫，除了治療心臟病，也是為了躲避他那瀕臨破裂、日夜爭吵的婚姻，與充滿敵意的太太雷基娜暫時分開。但一切都太遲了——疾病的惡化情形超乎意料之外，而且目前一切的治療方法都已束手無策。經過所有的檢查與會診之後，霍浦金斯醫院的醫師儘可能婉轉地告訴他，他們無法提供任何治療方式——除了緩和的藥物。他的情況不適合做冠狀動脈氣球擴張術、冠狀動脈分流術，甚至心臟移植。基登斯勇敢面對不久將至的死期，在他從巴爾的摩回來的那天傍晚，我前去拜訪。

即使明知基登斯離死期不遠，他那冷酷無情的太太對於先生何時返抵家門這件事，好像既不知情也漠不關心。當他回到家時，我安靜地坐在椅子上，聆聽他們的家庭對話，但不參與討論。他進門的情景著實令人不忍卒睹：高瘦憔悴的基登斯先生，蹣跚地進門，家僕攙扶著他那狹窄的雙肩，他的臉部因呼吸急促而扭曲。我在他家中鋼琴上的一張照片發現，基登斯過去看起來體格強健，但現在鐵灰的臉上充滿著疲憊與痛苦。他僵硬地走著，好像費了很大的勁，小心翼翼地保持平衡，得靠著旁人的協助才能坐入扶椅。

我了解基登斯心絞痛的病史，也知道他曾遭遇過幾次嚴重的心肌梗塞。看著他那狹窄的雙肩因為每一個短促的呼吸而費力掙扎著，我設法在心中想像他心臟現在的狀況，並想像可能令他死亡的各種情形。在當了近四十年的醫生後，這種推測是我在社交場合看見病患時常有的反應。這是一種自動自發的訓練、自我測試，和一種特別的同理心。我總是不假思索地做上述的測試。我確信，大部分同儕也是如此。

我看見在基登斯胸骨後的心臟，是一個擴大且鬆軟無力的心臟，再也無法像飽含能量時那樣強力地跳動了。心肌上被一個約長七公分的白色大疤痕占據，而且別處也有幾個小疤。心臟每跳幾下，左心室的某個病灶就會產生不規則的痙攣性陣縮，使心肌無法維持規則的節律性收縮。就好像心室有好幾處地方想要破壞心肌的內生性自動節律，但竇房節卻奮力想維持其主導地位。我很清楚這個病程：嚴重的缺血已阻斷了基登斯的竇房節傳至心室的正常訊息。心室由於無法接收到訊息，就開始自行跳動，每當心室有自發節律點發出訊息，就會使心室產生搏動。任何少量的刺激或缺氧，都會引起法國人所謂的「心室混亂」（ventricular anarchy），即不規則、無效的收縮遍布心肌，導致心臟完全不規則地快速跳動，亦即心室心搏過速與心室纖維顫動。當我看到基登斯行動不便的模樣，我便能輕易判定，他距上述一連串的發作過程極為接近了。

由於心臟衰弱、血液倒流回腔靜脈和肺靜脈，使其擴張而緊繃。皮革狀的肺臟變得好像一塊灰藍色且吸滿水的海綿，盛裝過多液體而水腫。它無法如同過去一樣，像一個粉紅的風箱那般漲縮。這種「被血嗆死」的慘狀，使我回想起一個病理解剖的案例：那是一個上吊自殺的人，他那漲紫的面孔突出且膨大；那種漲滿血的樣子，幾乎無法認出那是一個人。

基登斯生活過得不錯，而且願意忍受他那惡毒妻子的攻擊。他把重心寄託在崇拜他的十七歲女兒身上，並以不負鎮民財產的信託為榮，他的正直可靠和理財智慧贏得眾人的愛戴和尊敬。但現在，他必須回家等待死亡。

當我注視著他的鼻翼隨著每次艱難的呼吸張開時，我注意到基登斯的鼻尖有點藍，嘴唇也一樣——這是因為積水的肺臟使他無法得到充分氧氣供應的緣故。費力搖擺的步伐則是足踝與腳部水腫的產物。那情景好像把一塊溼肉緊緊捆在鞋裡面，而腳似乎要破鞋而出似的。這個體內過度積水的傢伙，身體內的任一器官，或多或少都有水腫的成分在內。

心臟的幫浦功能喪失，只是基登斯走路費力的其中一個原因而已。他一定很悲哀地察覺到，每走一步就更加費力，即使增加微小的活動量也會帶來難以忍受的心絞痛。因為那如頭髮一樣細的冠狀動脈血管，根本無法攜帶更多的血量以應付心臟所需。

基登斯坐在扶椅上，簡短地與家人交談了幾句，壓根兒沒注意到我的存在。因為精神與體力不濟，他費力地爬樓梯進入臥室休息，在這當中他停了好幾次，向下望著他的妻子，並對他的妻子說了幾個字。當我看到這個景象時，我立即想到臨床上有一種叫做「心臟殘廢」的症狀，病人以行為掩飾更進一步惡化的疾病：一個病人若在日常散步時心絞痛發作，就會停下來好像很有興趣地看看商店的櫥窗，直到心絞痛停止。一位生於柏林的醫學教授，首次描述了這種保住面子（有時是保命）的措施，德文叫「Schaufenster schauen」，即逛櫥窗。基登斯在上樓回房的過程中，就是採用了「逛櫥窗」的措施來暫時休息一下，以免更嚴重的情形發生。

基登斯在兩週後一個下雨的午後過世。雖然當時我在場，但我卻連動根手指救他都沒辦法，只能看著一切發生。當時他妻子正用言語辱罵他，直至他突然手抓喉嚨，好像指出心絞痛延伸至此。他突然變得很蒼白，開始喘息，然後尋找擺在輪椅前咖啡桌上的硝酸甘油。他用手抓住瓶子，但因手顫抖之故，使得那原本能擴張冠狀動脈的救命藥，都打翻在地上。他開始恐慌，冷汗直流；他懇求雷基娜去幫他找家僕，因為家僕知道備用藥放在哪裡，但雷基娜卻動也不動。他開始發怒，想要大吼，但口中只發出嘶啞的呻吟，而且聲音很小，房間外根本聽不見。他的神情令人心碎，好像已經知道，他一切的努力都白費了。

我感到非去幫基登斯不可，但好像有什麼把我釘牢在椅子上。我並未做任何事，旁人也一樣。他猛然從輪椅跳向樓梯，向上爬了幾格，好像一個孤注一擲的奔跑者，想藉著僅剩的最後一點力氣抵達安全處。在爬第四階時，他滑倒了，因缺氧而喘息著，手抓著欄杆，最後因力竭而雙膝著地，跌在地上。我呆在現場，眼睜睜地看著他跌下來，雙腿也軟下來。房裡每個人都聽到他身體落在地上的聲音。

基登斯這時還活著，但已經氣若游絲。雷基娜此時像一個經驗豐富的刺客，鎮靜地指揮著；她叫兩個僕人把基登斯帶回房間，馬上請家庭醫師前來。但在事情發生的幾分鐘內，而且遠在醫師抵達之前，病人就已經死了。

小心翼翼地活著

雖然當時我推測導致基登斯死亡的機制是心室纖維顫動，但也可能是急性肺水腫，或是心因性休克（cardiogenic shock）——即左心室過度虛弱，無法維持生命必須之血壓所引起的休克。在死於缺血性心臟病的病患之中，上述三種狀況占了一大部分的死因。上述情形可能在睡覺時發生，而且也可能極迅速地發生，整個過程到死亡只花幾分鐘而已。如果身邊有醫療資源的話，病患的痛苦可以使用嗎啡或其他止痛劑來減輕。現代生物醫學的神技，能使這些現象延緩幾年發生。但是每次對抗缺血性心臟病的勝利，都只是暫時性的。無法遏抑的動脈硬化會持續進行，而且每年有大約五十萬名美國人會因自然法則的需求而死亡；雖然這似乎很矛盾，但死亡是人類得以繼續綿延的唯一方法。

我為何不動一根手指去救那死在我面前的不幸之人，你可能已經猜到了。其實我是舒適地坐在戲院第七排座椅上，看著利利安・海爾曼（Lillian Hellman）的名劇《小狐狸》（*The Little Foxes*）中基登斯的悲劇。她鉅細靡遺地虛構一位缺血性心臟病患的死亡過程，即使是一個心臟科醫師來寫，也不一定會更精確。以上所有的描述，乃是自海爾曼小姐的劇本上節錄下來的。約翰・霍浦金斯醫院那位替基登斯看診的權威醫師，他所說的話就和我之前所提奧斯勒醫師的說法幾乎一樣。

海爾曼精確地描述了現今仍有不少人因之喪命的缺血性心臟病的死亡過程。雖然現代醫學已發明不少延後死亡、減輕痛苦的方法，但即使在二十世紀末的今天，心臟病患的最後一幕，仍和一百年前的基登斯非常相像。

雖然現今還是有不少缺血性心臟病患和麥卡提一樣死於初次發作，但多數病患的病程和基登斯比較類似，即初次梗塞後生還，接下來是很長一段時間小心翼翼地活著。在基登斯那個年代，小心翼翼地生活意味著在生活上完全去除身體和精神上的壓力。硝酸甘油用來緩解心絞痛，些微的鎮靜劑用來解除焦慮。當時學院派的醫生間流行著「治療虛無主義」，所以他們不主張用毛地黃（digitalis）來增加心衰竭患者的心室收縮力。毛地黃並不能阻止促使基登斯死亡的冠狀動脈痙攣的發生，但會減低鬱血性心臟衰竭患者死前一段日子的劇烈痛苦。

但現今一切都不一樣了。各種治療缺血性心臟病方法的突破（小至病人生活方式的改善，大至換心手術），正反映出現代生化科技一系列的成就。缺血以各種方法來破壞身體，因此心肌就需要協助以對抗各種破壞。心臟科醫師的工作，就是提供上述的協助。醫生們必須熟悉敵人的特性，以及敵人在作戰時的各種手段。比較特別的是，心臟科醫師所需評估的，不只是病人目前心臟和冠狀動脈的情況，還必須注意病人快速惡化的可能性，以便採取積極的措施來阻止。就這方面而言，現今已發展出一堆檢查，而這些檢查已經是病人和親友間的日常語彙了，例如：放射性鉈試驗（Thallium stress test）、心室功能檢查（MUGA）、冠狀動脈血管攝影（coronary angiogram）、心臟超音波（cardiac ultrasound）、二十四小時心電圖（Holter monitor）等等。

雖然有上述那麼多客觀的檢查，我們還是得了解病人的生活特性或人格特質，才能對病人提出實用的建議。只是知道心室每次輸出多少血，或是了解冠狀動脈口徑、心肌的收縮機制、心輸量、心臟電流傳導系統對刺激的敏感度，或任何其他實驗室檢查與X光的結果，是不夠的。一個心臟科醫師一定要對病人生活中刺激的型態和改變的可能性，有透徹的了解。

家族病史、飲食型態和抽菸與否、遵照醫囑的可能性；對未來的計畫與希望、家庭或朋友支持系統的信賴度、人格特質與改變的可能性……這些都是在決定治療計畫與評估預後時所必須考慮的因素。心臟科醫師的技能不只要幫助病人，還要了解病人——這是醫學藝術中固有的認知，在沒有與病人交談的情況下，檢查與藥物效用都很有限。

經過交談與檢查之後，就是治療的時機了。治療的目的在於：減低心臟暴露於壓力下的可能性，建立心臟長久的活力與應變能力，以及矯正檢查時發現的異常部分。所有治療都是要減緩動脈硬化的速度，但絕對無法完全停止這個過程。另外要強調的一點是，心臟絕不只是一個遲鈍無知的幫浦而已，它是生命的運作中敏感且活力蓬勃的參與分子，能夠適應調節，也有某種程度的修補能力。

赫伯登雖然不了解上述事實，卻在一七七二年提出了現在我們視為經典的範例：他提出一個經過適當設計的運動計畫，以增強心臟在面對工作量增加時的應變能力。在述及心絞痛病患時，他說道：「我知道有一個病人每天鋸半小時木頭，他後來幾乎痊癒了。」雖然鋸子已被現在的自行車運動器材取代，但原則是一樣的。

有相當多的心臟科用藥，可以幫助心臟與心臟傳導系統對抗缺血，而且我確信這類藥物會越來越多。現在甚至有藥物能夠在冠狀動脈剛堵塞的前幾小時，將造成堵塞的血塊溶解。也有藥物可降低心肌不穩定度、擴張冠狀動脈並預防其痙攣、加強心跳、減低心搏速率、排出鬱血性心臟衰竭患者體內過多的水與鹽、減緩血液凝固過程、降低血中膽固醇、降低血壓、減輕焦慮——而每種藥都有相當的副作用；當然，對任何一個治療而言，還是會使用到其他藥物。今日的心臟科醫師，在讓病人脫水到無法正常生活，和讓病人體內積水過多、冒著心衰竭風險這兩難之間，已經踏出了一條路。

電子科技對心臟病治療的巨大貢獻，在人類其他疾病領域中，恐怕是找不到的了。雖然最早受益的是診斷方面，但是由於物理學家和工程師在這領域的努力，現在也對治療方面有許多貢獻了。我們現在有與竇房節功能一樣的心臟節律器，安全地引發一個可預期且穩定的心搏。現在也有去纖維顫動器（defibrillator，即心臟電擊器），它們不只在心臟傳導功能嚴重失調時有用，而且也可直接植入病人體內，在任何不規則節律產生時即自動反應。

外科醫師和心臟科醫師發明了兩種手術：一種是將血流自阻塞的冠狀動脈改道，另一種是利用氣球擴張狹窄的血管，前者稱為冠狀動脈分流術，後者稱之為血管修復術（angioplasty）。要是上述兩種方法均失敗，有部分病人若符合換心的準則，我們就把他整個心臟取出，植入一個健康的心臟。如果仔細選擇合適的病患來進行手術的話，這些手術的成功率是很高的。但是，即使經過上述任一種手術，血管硬化仍會繼續進行。擴張過的血管仍然常常再度阻塞，移植的血管仍然會再長出動脈栓塊，而且缺血的症狀還是常常會回到病人身上。

雖然我們能延緩疾病的惡化，但是冠狀動脈硬化的患者，最後還是幾乎都死於此病。他們可能在看來似乎治療成功的時候，突然死去，或者可能逐漸死於鬱血性心臟衰竭的併發症。雖然，與沒有這些治療方法保護病人的年代比起來，更可怕的症狀的發生率是少得多了，但是慢性鬱血性心臟衰竭仍是許多缺血性心臟病患的死因。一旦心臟開始衰竭時，那麼前景就很悲哀了。約有一半的患者在五年內死亡。就如之前所提，雖然心臟病突發的死亡率在近二十年已顯著下降，但心臟衰竭的發生率卻戲劇性地上升，而且可能還會繼續上升。現在像基登斯的病例越來越多，而像麥卡提的人越來越少。

陌生的急救小組

上述事實產生的理由有幾個。最明顯的是，不只是醫師，社區設施在面對心肌梗塞這種緊急情況的處理能力也有了顯著的進步。醫佐人員迅速的反應，有效率地將病人在最初關鍵的幾小時內送至急診室，以及醫院內的加強醫護設施，都是重大改進。但還有另一個至少同等關鍵的因素存在——更有效率的醫療照護，會使人們壽命加長，以至於老人增加；但老人的心臟幫浦功能較差，因此鬱血性心臟衰竭也就越來越常見了。五十歲以下的人，心臟衰竭的發生率的確下降——但大部分心衰竭都發生在六十五歲以上的老人身上。超過二百萬名美國人有某種程度的心衰竭，導致其活動受限、活力受損。如果越來越嚴重，兩年內的死亡率大約為五〇%。每年有三萬五千人死於心衰竭，雖然比死於心臟病突發的五十一萬五千人少得多，但人數仍不少。

那些沒有因心室纖維顫動死亡的人，將會死於前面已列舉過的各種原因：他們無法獲得足夠的充氧血，腎臟和肝的排毒功能下降，細菌在體內大量繁殖，或是他們的血壓太低不足以維持生命所需，尤其是腦部所需。最後一種情形，就是所謂的心因性休克。它和肺水腫並列心臟科病患最常遇見的兩大敵人，也是加護病房和急診室裡最常奮戰的對象。這些病人和他們的醫療小組，大多會暫時處於上風。

由於目睹過無數次醫療團隊打著艱困的戰役，而且過去我也常常是其中一員或是領導者，我可以說臨床可怕的求勝意志在每個熱切戰士內心激起的迫切性，與患者的痛苦之間，常常是互相矛盾的。整體看起來是一片忙亂喧嚣，但個別來看卻不是如此，只能用盡全力盡人事，搞不好還能成功。

雖然表面上可能一片紊亂，但其實每次急救的型態基本上是相同的。病人幾乎都因腦部血流不足而喪失意識，然後急救小組很快趕到，他們的任務是停止病人的心室纖維顫動，或是消除其肺水腫，以便將病患由死亡邊緣救出。幫助呼吸的氣管內插管很快地經由口部插入氣管，以便氧氣在壓力趨使下，能將病患那快速被液體積滿的肺部撐開。如果病患正處於心室纖維顫動的狀態下，大塊金屬板將置於其胸部，然後兩百焦耳的電流就會流經心臟，以便使心室顫動停止，心跳經常在預期下回復規律跳動。

如果沒有有效心跳產生，急救人員就會將手掌下緣擺在患者胸骨下緣，以每秒一次的速率來壓迫心臟。經由擠壓在彎曲胸骨和脊柱間的心室這種方式，心室內的血液被擠入循環系統內，以維持腦部以及其他維生器官的生存。當這種體外心臟按摩有效時，在遠及頸部以及鼠蹊部的地方，都可摸到脈動。雖然看起來也許不是如此，但在完好胸廓外進行心臟按摩，其結果確實比直接擠壓心臟好得多；而後者是四十多年前我面對麥卡提棘手的心臟問題時，當時的人所知的唯一方法。

在這之前，靜脈注射就已打上，以便注入心臟科用藥，而且一種叫做中央靜脈管的寬塑膠管，也會緊急插入大靜脈中。注入靜脈的各種藥物，各有不同功用：它們會協助控制心律、減低心肌的不穩定性、加強心肌收縮力量，以及將肺部過多的水分驅往腎臟排出。每次急救都是不同的。雖然形式很相像，但每個過程、每次病人對藥物及心臟按摩的反應，以及每顆心臟回復正常的意願——都是不同的。唯一確定的事，就是醫師、護士以及技術員，不但要與死亡搏鬥，還要對付自己的不確定性。在大部分急救中，這種不確定性，大概可歸納成兩大問題：我們做了正確的處置嗎？或是我們應該做任何處置嗎？

但是，常常任何處置都沒有幫助。即使上述兩個問題的正確答案是「對的」，但是心室顫動常無法矯正，或是心肌對藥物沒有反應、心肌過於衰弱導致心臟按摩不起作用，然後病人情況就會超出急救能拯救的範圍之外了。當腦部缺氧超過二至四分鐘，就會產生不可挽回的傷害。

事實上，很少人能從心臟停止的狀況中救活，在醫院發生心臟停止的重症病人，救活的可能性更低。住院病人中只有十五％不到七十歲；而那些年齡超過七十歲的病人，即使急救小組急救成功，還是幾乎都無法活著出院。在醫院外發生心臟停止，大概只有二〇％至三〇％的人能生還，而且生還者幾乎都對急救有立即反應。如果在到達急診室前，病患對急救沒有反應，存活率幾乎是零。那些有反應的人，多半是與里普辛納同類的心室纖維顫動患者。

執著的年輕人會一直觀察病人的瞳孔，直到它們對光毫無反應，變成一個固定的黑暗大圓環為止。急救小組不情願地停止了動作，然後整個景象由急迫、英勇的急救，變成了沮喪、憂鬱的失敗。

病人在陌生人間寂寞地死去。醫護人員出於善意、充滿同理心、毅然想要維持患者的生命——但他們終究是陌生人。這裡沒有尊嚴。等到這些醫界的撒馬利亞人罷手奮戰，房間只剩滿地的敗戰殘跡，甚至比很久以前麥卡提死的那晚還多。在飽經蹂躪的現場中央躺著一具屍體，這具屍體對於片刻前那些極力想要救人的醫護人員，已經喪失了意義。

上述發生的一切事情，都是一連串生物現象累積的結果。無論是基因早已命定，或是自己生活習慣所導致，還是如大部分人一樣，是兩者共同產生的結果，一個人的冠狀動脈已無法攜帶足夠血流去滋養心肌；心跳變得無效，腦部缺氧過久，然後人就會死亡。每年約有三十五萬名美國人心跳停止，其中大部分都死亡了；而且這些事件中，差不多三分之一是在醫院發生的。通常，在這之前是沒有任何警訊的。無論心臟過去承受了多少次缺血，它的背叛可能是突然發生的。大約二〇%的人還可能和里普辛納一樣，毫無疼痛便發作了。不論活著的人替死亡穿鑿附會了什麼神祕色彩，都是對人類精神的讚頌，因為我們大部分人在經歷死亡或走向最後時光的一刻，正是生命面對醜惡的最後一場勝仗。

句點

死亡的經驗不只是屬於心臟。它是一個全身組織都參與的過程，各有其獨特的方式與步調去進行。這裡的關鍵字是「過程」，不是「動作」或「瞬間」，或其他暗示靈肉分離剎那的名詞。過去，心跳停止即意味著生命結束，好像那突來的寂靜是死亡的無聲訊息一般。這個時刻因為具體，很適合用來記錄生命史，以畫下最後的休止符。

今日法律定義死亡，是指腦部功能喪失。雖然心臟可能繼續跳動、無意識的骨髓仍在製造新細胞，但人的生命史無法在腦死後繼續。腦部是逐漸死亡的，正如里普辛納所經歷的一般。漸漸地，身體其他部分的細胞也死了，包括新生的骨髓細胞在內。在正式宣布死亡的幾小時前後，身體組織與器官相繼喪失生命力，乃是死亡的真正生物機制。這些內容後面有一章還會提到，但我們首先必須要描述的是一種延長的死亡過程：老化。

Chapter 3

Three Score and Ten

人生七十

沒有人因年老而死亡，至少在統計上不存在這個項目。每年一月，當酷寒的嚴冬正肆虐之時，美國政府都會公布年度《死亡統計報告》。無論是在前十五大死因，或是在不帶感情的摘要報告中，都找不到剛因年邁而離世者的死因。在客觀的敘述中，這份報告為八十多歲與九十多歲的死者，在整齊的表格中冠上一個特定的病理死因。即使那些年齡已達三位數的死者，還是逃不過被歸類到整齊表格某個項目的命運。每個人的死亡都要有個名目，這不只是因為衛生福利部（Department of Health and Human Service）的命令，世界健康組織（World Health Organization）的規定也一樣。在我行醫的三十五年生涯中，從來不敢在死亡證明寫上「死因：年老」，因為我知道，這個證明一定會被退回來，並且上面會有公家統計人員簡短的附注：「不符合規定。」在世界上任何地方，死於年老都是不合法的。

統計員似乎很難接受自然現象的死亡，除非有清楚的定義，然後恰好可以歸入簡潔易懂的分類項目。美國的年度死亡統計報告非常制式化，但不怎麼有想像力；而且我認為，它並不能完全反映真實的人生（與真實的死亡），儘管一目瞭然。我一直相信，非常多的人是死於年老。儘管我在死亡證明書上隨手寫上科學的診斷，以符合人口統計局的需要，但我知道事實不只如此。

在美國，隨時都有五％的老人躺在長期安養機構裡。如果他們住在安養院的時間大於六個月的話，那麼他們多半無法活著離開，除了死前在醫院短暫逗留，再由年輕醫師在死亡證明上給予一個恰當的診斷。這些老人多半死於何種原因？雖然他們的醫師因職責之故，將死因記錄為中風、心臟衰竭、肺炎等明確的死因，但事實上這些老人真正的死因是：器官因年久而耗損。早在醫學發達之前，人們就清楚這個法則。一八一四年七月五日，七十一歲的開國元老湯瑪斯．傑佛遜（Thomas Jefferson）寫信給七十八歲的老約翰．亞當斯（John Adams）說道：「我們的機器（指身體）已經運轉了七、八十年。我們可以預期它會損壞；這裡脫落一個輪軸，那裡脫落一個輪子，現在是齒輪故障，下次輪到彈簧，雖然我們能暫時將其修理好，但終究都是會停止運轉的。」

無論明顯的生理情況改變是表現在大腦或是免疫系統的退化，但真正在損耗的，其實是生命力。我不會和堅持實驗室顯微病理觀點、以滿足生物醫學世界觀的那些人爭執——我只是簡單地認為，他們沒有注意到這個重點。

漫漫長路

從我意識到生命以來，我就開始長期觀察那些因年紀大而逐漸死亡的人，沒有一個統計學家能大氣不喘地說服我，說我祖母死亡證明上的死因，絕對不是一種對大自然規律的合法逃避。我出生時，我祖母已七十八歲，雖然她那泛黃的移民證上記載她只有七十三歲——因為二十五年前當她在愛麗絲島（Ellis Island）準備移民時，別人告訴她四十九歲比五十四歲容易過關，原因是那些身著黃銅扣制服的嚴格美國公務員，總是會問些尖銳的問題，使祖母認為過關不易。所以你看，我並不是家族中第一個因為害怕政府拒絕而偽造文書的人。

我家三代六口一起住在紐約布朗區的一棟四房公寓裡——包括祖母、未婚的蘿絲姨、雙親、哥哥和我。在那個年代，將年邁雙親送到為數不多的安養之家，是不可思議的事情。即使他們自己願意，也很少子女這樣做。半個世紀前，像這樣把家人驅逐出家門，會被別人認為是不負責任、缺乏愛心。

我就讀的高中距離我家那棟廉價公寓只有半個街區之隔，甚至連我上大學也只要步行二十分鐘的路程。每天早上，祖母都把一個小三明治和一顆蘋果放到一個牛皮紙袋裡，我就把紙袋夾在書和手臂之間，帶著走向山坡上的青青校園。途中，我會和自小就認識的密友會合一起上學。在早上第二節課之前，紙袋就會因為我那敬愛的祖母所塗的奶油太厚而變得油膩不堪。直到今天，每當我看到沾滿油漬的牛皮紙袋，心底就會升起一種因思親而引起的甜蜜痛苦。

每天一大清早，蘿絲姨和我父親會乘坐地下鐵到曼哈頓的成衣廠去做裁縫工作。我母親在我十一歲那年過世，所以我是由祖母扶養長大的。除了一次因盲腸炎住院，和有錢親戚資助我參加兩次半個月的夏令營，我幾乎和她朝夕相處。雖然當時並不明瞭，但我生命的前十八年，目睹了她逐步衰老到死亡的過程。

當六個人一起住在一棟四房的小公寓時，幾乎沒有隱私可言。我祖母生命的最後八年，是和我以及蘿絲姨睡在一起的。直到我完成大學學業前，我的家庭作業都是在小客廳中央的桌子上完成的，而家裡的任何事都在我周遭一公尺之內的距離發生。每當做完功課後，我就把桌子和折疊椅收好，靠在從小玄關通往客廳的正門後的牆邊。如果我沒把東西收好，祖母就會嘮叨不休。

我們不用英語稱呼這位女家長，因為祖母只會說幾個簡單的英文字。我和哥哥用意第緒語稱呼祖母，而她也用意第緒語的名字叫我們。直到今天，每個人都叫我沙普（Shep），乃是紀念我祖母之故。

祖母的生活一直過得不輕鬆。與許多來自東歐的移民一樣，祖父先帶著兩個兒子來到美國的黃金口岸，而將妻子與四個幼小的女兒留在立陶宛的一個小村莊裡。在全家重聚於紐約下城東區里文頓街（Rivington Street）那座擁擠的公寓（因為還有別的親戚同住）後沒幾年，我的祖父與他的兩個兒子相繼過世了，原因可能是結核病或流行性感冒。

在此之前，祖母的四個女兒中有三個在壓榨勞力的成衣工廠做事，所以家裡還有點收入。由於支領了一筆猶太慈善機構的救濟金，祖母攢夠了錢去下訂一塊靠近康乃狄克州考卻斯特（Colchester）的兩百畝農田，和許多同鄉的做法一樣。和其他人一樣，她僱用許多工人來幫忙農務，而這些人通常都是和她一樣不會說英語的波蘭裔移民。這個身高不滿一百五十公分、意志堅強、精力充沛的女子，在當時如何應付繁重的勞務工作，著實讓人費解。因為這塊農田產量並不好，幾乎只能應付每天的開支，靠那些到農場上短期工作、以躲避曼哈頓下城第十區結核肆虐的同鄉老友，以及家人的幫忙，還有點收入。

為了幫助同鄉難民在混亂不安的美國堅忍地生活下去，我只能以意第緒語的「mater et magistra」來形容祖母扮演的角色。雖然她不會說一句完整的英語，但她多少能掌握美國的生活準則與節奏。如果舊世界有所謂「令人尊敬的長者」，這個新國度中人數日眾的大家族也找到一個地位差不多的女士，授與光榮的頭銜。她被稱作「Tante Peshe」（勉強可翻成波琳姑媽，Aunt Panline），她照顧許多貧困的同鄉，而這些所謂的姪兒姪女，有的年紀只比她小一點。

最後，除了蘿絲，其餘女兒都出嫁了，所以農場終於被迫放棄了。但在這之前，長女安娜在二十歲時死於產褥熱，而安娜年輕的丈夫則離開這裡去追尋他個人的生活了。一日早晨，他出走了，留下安娜的孩子；祖母把這個孩子當成自己的子女一般，在農場把他扶養長大。在這個孩子十幾歲時，農場賣了，然後我們家族的布朗區時期便開始了。

到我十一歲時，蘿絲姨已經是我祖母唯一存活的孩子。祖母有一個孩子在嬰孩時期便夭折了，其他子女則都死在這塊寄託了夢想的新國家。祖母當時已八十九歲，身形傴僂，活著只是為了三個孫子：我和我哥哥，還有十三歲的表姊亞琳。亞琳在兩年前因為母親腎衰竭死亡而搬到我家住；後來因為我母親在我十一歲生日過後不久就因癌症去世了，她又搬去和她父親的家人住在一起。我祖母漫長的寡婦生涯，其實就是一部與疾病和死亡掙扎奮鬥的歷史。她對於丈夫和六個孩子的期望，一次又一次被送進墓地。剩下的只有蘿絲姨，和生於此地的我們，這個新國家的許諾到頭只是一場空。

視茫茫而髮蒼蒼

直到我母親去世後，我才開始察覺祖母有多老了。自我有記憶開始，我會不時玩弄祖母手背或手肘上那鬆弛、無彈性的皮膚以自娛。我輕輕將其拉起，好像拉太妃糖一樣，然後興致勃勃地看著它像蜂蜜一樣，慢慢、無力地彈回原位。她會在我如此做時，打我的手一下，假裝對我的調皮很生氣的樣子，然後我會一直逗她笑，直到她的眼神出現笑意，洩漏出對我的舉動根本不以為意。事實上，我們都喜歡這個遊戲。後來，我發現我能在她那穿著棉襪的小腿皮膚上輕易壓出一個凹陷，凹陷復原需要的時間很長，我們會一起靜靜坐著觀察這個過程。隨著時間的流逝，這種凹陷越來越深，而恢復原狀所需要的時間也越來越長。

祖母小心翼翼地穿著拖鞋在房間穿梭。隨著日子的過去，她的步伐變成拖著走，而且最後變成一種腳從不離開地板、類似滑行的移動。如果她必須走快一點，或是對其中一個孩子不高興的時候，她就會變得上氣不接下氣，好像必須張大口呼吸才足夠。有時候，她會把舌頭伸出下脣，好像想藉著舌頭表面吸取額外的氧氣似的。當時我並不知道，但她的確已經開始心臟衰竭了。可以確定的是，這種心臟衰竭將會更加嚴重，因為老化的血液自老化的肺臟組織中取得的氧量比過去低。

慢慢地，她的視力也變差了。一開始，穿針線變成我的工作，但在發現她已經無法控制手指時，她便停止了修補衣服的工作；而我襪子和襯衫上的破洞，只好等我那位因長期工作而疲憊的蘿絲姨，利用稀少的晚上空閒時間來替我修補。蘿絲姨每次都會取笑我笨手笨腳的縫紉工夫。（現在回想起來，我後來會當上外科醫生簡直是不可思議；祖母若知道，應該會既驕傲又驚訝吧？）

再過幾年，祖母因看不清楚灰塵或汙垢在何處，而無法繼續洗盤子或掃地。雖然如此，祖母從不放棄嘗試做家務，想要以微弱的力量來證明她還是有用處。她持續地想要做清潔工作，變成了日常生活中小衝突的起源，這導致她覺得自己離我們越來越遠，好像被孤立似的。

在我青少年早期，我看見祖母過去最後一點旺盛的鬥志消失了，變得非常溫順。她對我們這群孩子總是很溫柔，但溫順可能是意味某件新發生的事——這可能有一部分是退縮、對身體狀況每下愈況的默認，而這正逐漸把她與我們拉開，和生命分離。

其他的事開始發生了。此時，祖母活動力變差與步態不穩，使得她無法在夜晚上洗手間，所以她睡覺時就放一個大的麥斯威爾咖啡罐在床下。大部分的晚上，我都會被她找罐子的笨拙動作所發出的聲音，或是微弱尿柱擊打在罐子內壁的聲音所吵醒。很多次，我在黎明前的黑夜動也不動躺在床上，凝視著房間另一端的祖母，看著她在床緣不舒服地屈著身，一手不穩地拿著咖啡罐放在睡袍下，另一手嘗試抓著床墊，來穩固她那搖晃的身體。

當時我無法了解，祖母為何一晚要尿如此多次，直到多年後我才明瞭，那是因為年老而使膀胱儲尿容量下降之故。雖然我確信祖母必然有幾次失禁是我未曾察覺的，但她和許多老人並不相同：祖母從未變成長期尿失禁。祖母直到生命的最後幾個月，身體才顯露出輕微的尿味，但這也只有我在非常靠近或是緊抱著她那虛弱的身體時，才會聞得到。

祖母掉下最後一顆牙齒時，我剛邁入青春期。她把所有牙齒都裝在一個小錢包裡，然後收在與蘿絲姨共用的梳妝臺最上面抽屜的最裡層。我孩童時代的神祕儀式之一，就是偷偷打開那個抽屜，敬畏地注視著那三十二個黃白色的物體。每一顆的形狀都不同。對我而言，那都是我們家庭的歷史與祖母的老化，一個個的小小里程碑。

祖母即使沒有牙齒，仍然可以進食大部分食物。在接近生命結束時，她甚至已經沒有力氣去吃東西，以致營養不足。攝取不足加上老化造成自然的肌肉質量下降，導致祖母外型的改變：相較於過去我記憶中健壯肥碩的老太太，此時的她顯得憔悴而瘦弱。她的皺紋增加了，膚色也變得蒼白，臉上的皮膚似乎鬆垮垮地垂掛在那兒。她所一直維持的舊時代美感，在她九十歲時終於喪失了。

對於我所見到的祖母逐漸衰老的過程，有許多簡單的臨床解釋，但即使到現在還不能算是令人滿意的答案。

我們可以提出造成老化的因素，乃是腦部血液循環下降，或是腦細胞輕微退化；這種退化極輕微，要用電子顯微鏡才看得出它的改變——純粹以生物學描述這些曾經使九十歲老者能清晰思考、大膽判斷的組織之死亡，是不帶感情的知識性陳述。我們可以引用生理學家、內分泌學家、心理神經免疫學家和快速進展的老年醫學家（gerontologist）的研究，來解釋我少年期雙眼所見的一些事實。但需注意的是真正的觀察，亦即觀察我們持續生活中老化的過程。雖然身邊的人都在老化，我們的意識卻不願面對自己其實也在老化的事實。我們光會注意別人老了，心中卻無法立即接受自己的身體也正在進行這步向衰老與死亡的不可逆過程。

祖母的腦細胞早在上述時刻之前就已開始死亡，一如我和你的腦細胞今日也正逐漸死亡。但是因為她當時比我現在的年齡要老得多，而且已經很難接收周遭世界的刺激，所以腦細胞數量的減少，與對刺激的反應力下降，導致她行為明顯地改變。像其他老人一樣，她變得健忘，而且每當被人提醒時就顯得惱怒。祖母待人一向是很直爽的，但後來她與那些常來往的老鄰居相處時卻顯得易怒且無耐性，而且似乎常被以往向她求助的老友激怒。後來，甚至在公眾場合，祖母也靜坐著不發一語。最後，她只說些她必須說的字，簡單而不帶情感。

最明顯的跡象是她從生活中逐步抽離，當然我承認這是後見之明。當我是一個小男孩，以及青少年初期時，祖母都在聖日（High Holy Days）時去猶太會堂祈禱。雖然她上教會要穿過五條街，她仍不顧布朗區人行道上的重重裂隙，手臂下緊夾著那本破舊的祈禱本，以免本子掉落地上使她深感罪惡。我通常會把祖母帶至教會。但我是多麼後悔當時每次的喃喃抱怨，多麼希望我不會有時——不，不是有時，是通常——因被看見與包著黑頭巾、曳足而行的祖母在一起而感到羞恥。猶太人小鎮文化（shtetl culture）早已逐漸式微，而她卻至死也不願承認這個事實。別人的祖母看起來年輕得多，她們說英語，而且相當獨立——而我的祖母只是在告訴我不要忘記：有個失落的東歐猶太世界，還有我內在層層疊疊、衝突混亂的情緒根源。如今我都委婉地稱之為遺產。

祖母用她空著的手，緊抓我的臂膀，有時當我以痛苦的緩慢速度引導她過街時，她還會抓住我的衣袖，然後步上階梯到猶太會堂的附屬室（我們家族在廉價區祈禱，因為只負擔得起這裡），然後走到我們稱為長輩的其他老太太之間坐下，但是很少人像她一樣老邁與格格不入。過一陣子後，我會把她留在那兒，此時她已低頭祈禱，頭埋入自少女時代就已開始使用、充滿淚痕的舊祈禱本內。上面的字是以希伯來文與意第緒文所寫，但她只用意第緒文那面來禱告，因為這是她唯一熟悉的語言。在假日禮拜漫長的儀式中，她靜靜地默禱著；年復一年，似乎越來越吃力，直到最後完全無法默禱。在祖母去世的前五年，即使有兩個孫子攙扶，她也無法步行至教堂了。靠著她仍然良好的長期記憶力，她在家中坐在打開的窗戶旁朗誦祈禱文，一如過去的每個禮拜六。幾年之後，即使這樣也變成是奢求了。她唯一能讀的一些句子，以及年輕時代記下的禱文，也忘光了。最後，她停止了禱告。

在祖母停止禱告之前，她也幾乎停止了其他所有的事情。她的食量變得非常小——她整天大多安靜地坐在窗邊，而且有時會提到死亡。但她沒有疾病。我確信一些熱切的醫師會指出她有慢性心臟衰竭，以及可能有動脈硬化症，並且或許會開一些毛地黃給她。對我而言，這就像是稱她那些老化的關節為退化性關節炎一樣。當然她有關節炎，她也有慢性心衰竭，但那只是因為在歲月的侵蝕下，她的身體零件與活力損耗殆盡罷了。她在世上的日子，沒有生過一天病。

越來越慢，越來越少

官方的統計學者，以及科學觀點的臨床醫師，都堅持要對逐漸變慢的血液循環以及年老的心臟，套上一個適切的名稱。只要他們不堅持將一個名稱冠在自然的生物狀態上，將其當作疾病，我也就沒什麼意見。與神經細胞一樣，心肌細胞也是身體無法再生的細胞之一——當它變老時，就逐漸耗損而死亡。整個生物過程終其一生都在為細胞失去作用的死亡組織製造替代品。這個過程的機制就是經由產生一塊新的細胞膜或是細胞內結構，來替代一些因過度使用，以致無法再運作的死亡組織。經過終身生產備用零件後，神經與肌肉細胞的再生能力逐漸停擺。蘊藏於每一個心肌細胞中的持續再生能力，終會被一種壓倒性的策略擊敗，老化就經此達到最終的破壞目的。一如我祖母的牙齒，心肌細胞也一個接一個地死亡——心臟就失去了力量。同樣的步驟也發生在大腦，以及其他中樞神經系統。甚至連免疫系統也無法對老化免疫。

這些改變一開始只表現在生化反應與細胞內，後來逐漸影響到整個器官的功能。當休息時，心臟輸出量逐漸下降；當心臟受運動及情緒的刺激時，它輸出量上升的能力，又比手臂、肺，以及身體其他結構需求量的上升還要少。一顆完全健康的心臟能夠達到的最大心跳速率，每年減少一下，你可以用二二〇減年齡這種可靠的方法來估計。如果你是五十歲的話，那就表示即使你在極度的情緒或運動刺激下，心跳速率每分鐘也無法超過一七〇下。這些只是老化、硬化的心肌，喪失它們日常應變能力的一種方式。

血液循環的速度變慢了。左心室需要更長的充填時間，收縮後也需更長的時間才能復原；每次心跳輸出的血量，年年都在減少，而且輸出血液的氧氣比例也在減少。或許是為了代償，血壓似乎略微上升。六十至八十歲間，血壓約上升了二十毫米汞柱。超過六十五歲的人口中，三分之一患有高血壓。

隨著年齡增長，不只心肌細胞，心臟傳導系統也會死亡。七十五歲時，竇房節就會損失九〇%的細胞，希氏束的纖維數也不及原來的一半。這種肌肉和神經的減少會伴隨的心電圖變化，很容易在圖形上辨認。

當這個幫浦隨年歲老化時，它的內膜與瓣膜也增厚了。肌肉與瓣膜有鈣化現象；心肌顏色變為黃棕色，脂褐質沉積於內。正如老人飽經風霜的臉一般，心臟的外觀也可看出其年紀，心臟的跳動亦然。我們沒有必要引用疾病的概念來解釋心臟衰竭。在年齡超過七十五歲的人中，心臟衰竭的發生率是四十五歲至六十五歲這個年齡層的十倍。這正是我能輕易壓凹祖母皮膚的原因，而無疑地，這也是她氣促的緣由。老人心臟病發作的一般症狀多為嚴重心衰竭，而非無法緩解的典型胸痛，這也是可能的原因。

不只心臟本身，血管也受歲月影響。血管壁逐漸增厚，彈性喪失；它們無法再以年輕的活力與熱情來收縮與舒張，而身體調控經過肌肉與器官的血流量之機制，也越來越無法配合不時改變的需求了。並且，動脈硬化仍持續其無情的腳步，年復一年地進行著。即使沒有膽固醇過多的肥胖症、吸菸或糖尿病等使動脈硬化提早發生的因子，血管仍逐漸變窄，因為年復一年流經的血液，在血管壁上累積越來越多的粥狀硬化塊。

不久後，每個器官得到的養分，都比大自然安排給它的工作所需的養分少。例如：四十歲以後，流經腎臟的總血量每年要下降一〇%。事實上，器官功能的下降，只有一部分是由心輸出量下降以及血管變窄所造成，但這些因素卻使腎臟內本身的老化效應更形惡化。例如：在四十歲至八十歲之間，正常的腎臟損失了約二〇%的重量，並且在腎實質結構中產生了結疤區域。腎臟內微小血管壁變厚，使血流更進一步下降，並導致腎臟過濾單元（腎元）的破壞，而腎元正是體內清除尿液與廢物的關鍵。最後，約有五〇%的腎元會死亡。

結構的改變，使得腎臟的功能下降。隨著年齡的增長，它喪失了在身體需要時將體內過多的鈉排除的能力，甚至也無法在身體需要的情況下留下鈉。這效應的結果是：老年人體內鹽分與水量很不穩定，增加了心臟衰竭或是脫水的可能性。這是心臟科醫師在治療老人時，游走於鈉過多與組織枯乾邊緣這種進退兩難困境的主因之一。

上述所有失調現象的結果是，導致腎臟不履行其工作的傾向上升。雖然腎臟並未澈底損壞而仍勉強運作，但它比年輕的器官回復得慢，而且更傾向於在嚴重壓力時，會使其主人倒下——當一個老人因末期癌症、肝病等病症而十分虛弱時，腎臟衰竭是主要死因之一。血中雜質逐漸增多；其他器官，尤其是腦，也因此而中毒；如此，死於所謂的尿毒症無法避免，而此類病人通常死前都有一段長短不定的昏迷期。尿毒症病人最終多死於心律不整，其原因乃是由於腎臟無法將血中過多的鉀排除所致。腎衰竭的患者，通常本身並無知覺，然後突然死於心律不整。只有少數人有機會交代遺言或臨終懺悔。

雖然腎臟是泌尿系統中受老化影響最明顯的器官，但膀胱也受到老化的影響。膀胱基本上是一個厚壁氣球，氣球壁是由富有彈性的肌肉所構成。當它老化時，這氣球便喪失了其擴張性，而無法像以前一樣容納那麼多尿液。老人通常需要較頻繁的如廁次數，這也是為何我祖母每晚要起床一兩次，在黑暗中以咖啡罐解決內急。

老化也影響了膀胱肌肉與避免尿液外流的關閉機制間的精細協調性。這也是老人偶爾會尿失禁的原因；當老人併有感染、攝護腺方面的問題、神智不清、服藥等情況時，尿失禁可能會變成嚴重的問題。膀胱排空能力的障礙，常是引起泌尿道感染的主要原因，而這正是虛弱老人的危險敵人。

意料中的意外

如心肌一般，腦細胞也無法再生。它們能存活數十年，是由於細胞內的各種結構就如許多微小的汽化器與栓子一樣，當其用罄損毀時，就會被替換。雖然細胞生物學家用了比機械更加深奧的專有名詞〔例如胞器（organelle）、酵素、線粒體〕，但這些結構需要的只是與我們更熟悉的汽車類似的置換機制而已。如同身體本身以及各個器官，每個細胞都有相當於小齒輪、輪子、彈簧的這類組件。當前面所提的置換機制功能逐漸耗損時，神經與肌肉細胞就會因內部結構持續破壞而死亡。

組件置換機制需要細胞內特定的分子參與。但這些在生物系統內的分子，也有一定的壽命期限。如果超過這個期限，它們彼此間持續的碰撞會改變其性質，使其無法再生產新的組件。經由逐漸耗損的過程，它們到達了壽命的極限，腦細胞壽命的極限也就到了。這就是科學家所稱的「細胞老化」的生化程序。老化的細胞逐漸死亡，它的同儕也是如此。當細胞死亡數目夠多時，腦的老化就顯現出來了。

人過了五十歲之後，每十年大腦會損失二%的重量。當我祖母九十七歲時，腦的重量已比她剛抵達美國時輕了一〇%。腦迴是大腦皮質突起迴繞的部分，我們在此處接收大量訊息以及思考，使我們與上帝所造的其他生物不同。在老化影響下，腦迴也嚴重萎縮，並喪失傑出的能力。同時，腦迴間的低陷部分（腦溝，sulci）變得較大，位於腦深部充滿液體的空腔（腦室，ventricles）也變大了。脂褐質將白質與灰質染色，逐漸萎縮的大腦變成乳黃色，而且會因年紀增大而使顏色變深，宛如老化的生物記號。衰老是有顏色標示的。

正如萎縮的腦部在外觀上明顯的變化，在顯微鏡下腦部老化也是極明顯的。特別令人驚訝的是神經細胞數目的減少，這也是備用組件生產機制失效所導致。大腦皮質發生的變化，可代表整個腦部的變化。額葉皮質的運動區（motor area of frontal cortex）喪失了二〇％至五〇％的神經細胞；腦後部的視覺區約喪失了五〇％的神經細胞；兩側的體感覺區也喪失了約五〇％。幸運的是，腦皮質的高級智慧中樞，其細胞喪失量比他處要小得多，原因極有可能是一直有一些重疊與多餘的功能在平衡它。甚至也有可能是，神經細胞的減少反而增加了其活動力。但無論何種原因，像解釋、判斷這種智慧能力，通常要在極晚期的老化才會受損。

有趣的是，最近某些研究認為，某些皮質神經細胞在到達成熟後會變得功能更加旺盛，而這些細胞正位於腦部高級思考產生的位置。如果這個發現與另一個發現——沒有阿茲海默症的健康老人，其許多神經細胞的絲狀分支（即樹突，dendrites）持續增長——配合的話，這個可能性就變得十分有趣了：神經科學家可能真的發現了智慧的來源，就像我們通常認為智慧可由年紀累積而得一樣。

除了高度特定區域，大腦皮質不僅損失神經細胞，其剩下的組織也都顯露出老化的徵象，如同細胞內替換系統逐漸喪失功能一般。最終的結果乃是腦部比年輕時的體積要小，而且也無法發揮正常功能。這種結果表現在每天的生活中，就是我們看到老年人日常生活的各種動作變慢，而不久以後我們也將如此。腦部不僅功能變得遲緩，受創時的回復能力也變差——但遇到性命之危，恢復成效減低。

這些狀況中，最危險的情況之一就是血液供應障礙。當供應腦部某特定區域的血流被阻斷時（這是一種突然發生的災難），由阻塞血管供應養分的區域，神經組織會立即失去功能或死亡。這就是所謂的「中風」。中風可能由許多病因所引發，但老年人最常見的是由於動脈硬化阻塞了兩條供應腦部養分最大血管的分支——左、右頸動脈。大約二〇％的住院中風病患在病發後立即死亡，而另有三〇％的患者則需要長期安養照顧，直到死亡。

雖然中風患者的死亡證明上，常以「腦血管意外」或「腦栓塞」等專有名詞來裝飾（最近名詞已經簡化了，多以中風來表示），但在這份文件上比病名更重要的是：在年齡欄中所填入的數字，幾乎都是高齡。七十五歲以上的男性或女性，相較於五十五歲至五十九歲的人，中風發生率要高十倍。

「腦血管意外」事實上就是我祖母死亡證明上的死因。但我知道不止於此，即使那時我就知道。雖然那位醫師向我解釋他那潦草的字所代表的意義，但他的診斷對我不具太大意義，今天更是不必再提。但如果他要稱我祖母的中風為「末期事故」或類似的事件，我也能了解他的意思；但我也會告訴自己，我已觀察了十八年的老死過程，竟以一個急性疾病作為結束——那是不合邏輯的。

這不只是語意學上的問題。將中風視為一個「末期事件」或將其視為一種死因，其不同處在於：前者是了解自然生命史無情推進的世界觀，而後者則相信在科學範疇之內我們必須去對抗那滋養我們環境與文明的自然力量。我對現代科學的偉大成就感到光榮，但我認為我們在運用日益增加的知識時，還需要日益增加的智慧。在十七、十八世紀時，實驗方法與科學界的早期代表人物，常會提及他們所謂的動物法則與一般性的自然法則。如果我的理解正確，他們是在敘述那些維持地球環境及生態的自然法則。對我而言，這個自然法則乃是達爾文演化論的衍生物，這也一體適用於動物與植物的領域。再進一步來說，人類無法藉由改變「更新」這最重要的機制之一，來破壞這種平衡；人類也付不起破壞自然法則的代價。對植物與動物而言，更新需要先有汰舊，然後衰敗的才能被健壯的所取代。這就是自然循環。這個過程和病理或疾病毫不相干——事實上，這正是疾病的反面。將一種自然的過程稱為疾病，是想要治癒它的第一步，也是阻撓它的第一步。阻撓它也正是阻撓我們意欲保存的種族延續的第一步，而最後，乃是影響我們整個世界的秩序和系統。

老人的朋友

因此，祖母必須死，正如你我有一天必須死。我不只目睹了祖母生命力減退的過程，在她出現死亡的第一徵兆時我也在場。這發生在一個普通的清晨，祖母和我一如往常作息。剛吃完早餐幾分鐘，我仍在看報紙的體育版，卻發覺祖母試著要去擦拭廚房桌子的模樣非常奇怪。即使我們早就知道這些家事已超出她的能力範圍，她卻從來不肯放棄，就算我們在她吃力地曳足離開房間後，再重複一次她做過的工作，她也不以為意。但當我的視線自報紙往上移時，我看到她的手那種大圓形的揮動比平常更無效率。她正在擦拭的手變得沒有目標，好像這動作是由手自己發動的，而且沒有任何方向性與目的。她的手不再畫圓下去，而變成只是軟弱無力、無用地抓著溼抹布，在桌上無目的、無重量地漂移著。她的頭往上，似乎是在看我椅子後面窗戶外的某個東西，而不是看眼前的桌子。她視而不見的眼睛顯得遲鈍黯淡，臉也沒有了表情。然而最沒有表情的臉卻透露了玄機，我的腦筋在短暫的空白後立即察覺我已失去祖母了。「祖母！祖母！」我叫道，但沒有用，她已經聽不見了。抹布自她手中滑落，然後她無聲地跌至地板上。

我跳到她身旁，再一次喊著她的名字，但我的喊叫徒然無功，我不了解到底發生了什麼事。我已記不得當時自己是怎麼做的，但我總算將她扶起，蹣跚地拉回我與她共住的房間。我把祖母放在我的床上。她的呼吸濁重而大聲。氣自她的嘴角緩慢且強力地吹出；每次從她喉部深處那嘈雜的風箱吹出的氣鼓起臉頰時，就好像帆船被暴風雨打溼、摧殘似的。她的半邊臉喪失了張力且蒼白虛弱，但我忘了是哪一邊了。我衝到電話旁，打電話給家裡附近的一位醫師。然後我連絡在第七大道服飾工廠工作的蘿絲姨。蘿絲姨回家後，醫師也從滿是病人的候診室抽身趕到，但我們知道他來也不能做什麼了。當醫師抵達時，他告訴我們，祖母中風了，而且活不了幾天。

祖母繼續撐下去，比醫生預計的時日久。我們拖著她，不讓她走——對任何人來說，這種時刻都會這麼做。祖母仍留在我的床上，蘿絲姨一個人睡在之前與祖母共用的雙人床上，而哥哥哈威則從他與我父親的臥室中取出他的折疊床給我。這使他沒地方可睡，後來的十四個夜晚都睡在客廳的沙發上。

在四十八小時內，我們開始目睹許多令人心碎的冷酷現象，生命開始遺棄它的老朋友了——祖母的免疫機能衰敗，而那鈍化的老肺臟，已無法抵抗細菌毀滅性的攻擊。免疫系統是我們對一些肉眼看不見的可怕敵人起反應的無形軍團。雖然我們不知道，也沒有意識地參與，細胞與免疫分子仍能調整自己，去適應每天都在改變的生活環境與看不見的危險。大自然，我們最強的庇護，必要時也是我們最強的敵人，它讓我們有保護、有滋養，所以我們在她所創造（或試圖保存）的環境中得以生存，但同時她也會不斷以隱藏的危險挑戰每一種生物的克服能力。當我們變老時，我們的防護破舊了，滋養也乾涸了——我們的免疫系統像其他東西一樣，逐漸使我們衰敗。

免疫系統的衰退已成為老人醫學的研究焦點。他們發現，不只是老人身體對於外界攻擊反應會下降，免疫系統去辨識攻擊者的監視系統也會衰退。敵人發現要躲避老化的免疫監控而進入人體內，比以前容易得多，它們擊垮了衰弱的防線。敵人一旦進入體內，就會征服虛弱的防衛者。在我祖母這個案例裡，結果就是肺炎。

奧斯勒對於老人的肺炎有兩種不同看法。在他第十四版的《醫學原理與應用》（*The Principles and Practice of Medicine*）的起頭，他說肺炎「是老人特別的敵人」，但在別處，他的說法又頗不相同：「肺炎可稱為是老人的朋友。經由急性、短暫、通常並不痛苦的病程將老人帶走，使老人脫離將使他生命最後階段更加痛苦的衰敗過程。」

對於醫師是否有開盤尼西林去抵抗這「老人的朋友」，我記不起來了，但我對其存疑。或許我很自私，我不希望祖母過世，而我家裡的任一個成員也一樣。這位醫師的處理方式或許比我們不願讓祖母走的想法要實際且有智慧得多。

祖母無法動彈的深度昏迷狀態，以及咳嗽反射的喪失，使得她無法將每次呼吸時在氣管內嘎嘎作響的濃稠分泌物清除出來。哈威在街角的藥局發現了一種器具，能將祖母肺中的膿狀物抽出，那些膿狀物卡在肺裡嘎嘎作響，像是對迫近死亡的宣告。這器具是以兩根長橡皮管構成，中間以玻璃腔隔開，能將她每次蓄積的痰抽掉。它需要將一支橡皮管插入祖母的氣管內，而另一支置入他自己的口中。即使蘿絲姨也不太敢操作，而我也只能偶爾操控得當，所以這變成了哈威給祖母的禮物，至少我們認為是一個禮物。

藉由這個方法，而且無疑是因死亡天使心意改變之故（對我而言是一種幻想，但對老一輩相信此說的人而言，則是非常嚴肅的事實），祖母自肺炎生還，甚至也從中風生還。或許我們的眼淚與祈禱比哈威的抽痰器或她體內免疫系統的殘兵還要重要。無論如何，她慢慢自昏迷中甦醒，重新獲得了大部分的語言能力與小部分的運動能力，而且如以往一般又多活了幾個月，似乎是為我們而活。終於，她生命耗盡的日子到來，她因二度中風而在二月一個寒冷的星期五清晨再次倒下。根據猶太人的律法，她在當天傍晚下葬。

萎縮的屍體

我有一些所謂的「照相式記憶」。雖然它有時在我最需要時會遺棄我，大部分時間仍是我生命中保存紀錄的忠實盟友，但有些照片記憶我寧願忘記。其中之一就是一個十八歲男孩站在靈柩前，裡面是他幾乎認不得的老太太。即使在大約十二小時前，他曾哭著吻那不會反應的臉頰。裝在棺木中的物體，與以前的祖母有很大的不同。它攣縮了，而且白得像臘一樣。這屍體已經從生命中萎縮了。

現代醫生被訓練成只去思考有關生命和威脅生命的疾病。即使做屍體解剖的病理學家在解剖屍體時，也是尋找治癒的線索，這也是為了生者的利益；基本上，他們所做的只是將時鐘往前撥了幾小時或幾天，回到心臟還在跳動的時候，以便弄清楚偷走病人生命的罪人。我們之中思考死亡最清楚的，通常是哲學家與詩人，而不是醫師。儘管如此，還是有些醫師了解死亡和它的後果也在人類情境之內，因此值得醫療者加以重視。

湯瑪士・布朗（Thomas Browne）就是一個這樣的人。他生於極特殊的十七世紀，當時科學方法與歸納推理法開始影響受過教育者的思考，而且使他們對一些過去堅信的事實提出質疑。在一六四三年，布朗發表了一篇沉思性的珍貴小品〈醫師的宗教〉（The Religion of a Doctor），他描述這是「自己的私人習作」。這個短篇傑作常收入選集《給朋友的信》（*A letter to a Friend*），作者在這篇描述垂死之人拖延之苦的文章中寫著：「他幾乎只剩下原來的一半了，失去了無法帶進墳裡的那一大部分。」我經常與病人家屬一起站在過世病患的床前，目睹他們不願相信呈現在面前的殘忍景象。他們都會質疑為何與預期的不相同，而且為何似乎只有他們必須去忍受這個他們認為是獨特的痛苦。我想，對我而言，經歷祖母的死亡，以及後來屍體的變形，也是一種獨特的痛苦。

生命的力量滿溢在我們的組織中，以生之驕傲脈動著，並將組織鼓脹起來。無論是像里普辛納那樣突然倒地而亡，或是像祖母那樣緩慢過世，它總是留下一個看似不真實的縮小物體。當查爾斯・蘭姆（Charles Lamb）看著英國著名喜劇演員愛力斯頓（R.W. Elliston）的屍體時，他寫道：「你看起來多麼地小！所以我們在最後旅程時也將被擠乾——無論是國王或皇帝。」布朗自己寫道：「我並不太害怕死亡，而是對此感到羞慚；這對我們人類是非常羞恥的事，在這一刻我們的形象能如此被扭曲毀壞，然後我們最親密的朋友、妻子、兒子，害怕地站著並瞪著我們。」

布朗以及蘭姆的話，可能會使我在祖母的靈柩前恢復信心。當天我可能會自在些，而且回憶也較不痛苦，因為我知道不只我祖母，事實上每個人在死後都會縮小——當人的靈肉分開時，它也帶走了生命的活力填充物，只留下無生命的屍體；這是我們之所以為人的最小部分。

回顧過去的這些年，我可能已經了解布朗書裡前幾頁的一句話，他提到死亡經驗的共通性：「我們不知道我們來到世上會有怎樣的痛苦與掙扎，但要離開可不是一件簡單的事。」

Chapter 4

Doors to Death of the Aged

老人的死亡之門

祖母所選擇的離開方式，其實一點都不獨特。世界健康組織的資料顯示，中風在已開發國家是第三大死因。每年有超過十五萬的美國人死於中風，約為中風人數的三分之一，另外三分之一的人會因此嚴重到永久喪失行動能力。只有心臟病及癌症的威脅性超過中風。過去一段時間，中風發生率持續下降，近年來則漸趨穩定：大約每年每千人之中有〇．五至一人罹患中風。但此一數字是將全部人口皆列入統計後所得到的數字。當人們年老時，罹患中風的頻率自然會增加。雖然對於近百年來皆以猶太教高膽固醇方式飲食並習慣性久坐的猶太女性（如我祖母）罹患中風的頻率並未加以統計，但我們確實知道，若對美國及西歐超過七十五歲的男人及女人加以抽樣調查，每年每千人之中，大約有二十至三十人會罹患中風——也就是說，在最年長的老年人之中，罹患中風的危險性是其他人的三十倍。

由於中風是一個到處都可以聽到的名詞，有時其用法會令人覺得混淆。對外科醫生而言，中風是指由於某些特定供給腦部的動脈血管血流量減少，所造成的神經系統功能失效。並且，此種神經系統失效必須持續二十四小時，方能稱為中風，否則只能稱為暫時性腦部失血。雖然暫時性腦部失血通常在一小時之內就恢復了，但也有少部分患者會持續較久，症狀才會消失。

以下這些聽起來應該都很熟悉了，因為基本上中風與心臟功能失效的機制是相同的：其中一條動脈未能傳送足夠的血量。局部缺血的普遍症狀，即血流的匱乏及組織的乾枯，是造成身體內許多部位細胞死亡的原因。這造成了麥卡提的死亡，造成我祖母的死亡，而且不論其形式為何，我們大部分人都將因此而死亡，它的手段就是使肌肉組織缺氧窒息。另外，中風時血流之所以中止，與心臟中的冠狀動脈栓塞也有相同的原因。動脈粥狀硬化非常嚴重時，造成內側頸動脈的一支完全阻塞。這有可能是那支頸部動脈本身發生了動脈粥狀硬化的結果，也有可能是從較大的動脈血管壁上脫落的斑塊，像一個栓子般被血液推入腦中，插入一個原本已是勉強維持的血管之中。

中風及其伴隨而來的局部缺血，也可能是由廣泛的腦血管疾病症候群所引起，稱之為腦溢血，而老年人的腦溢血幾乎都是由於長期性的高血壓所造成。由於腦血管管壁長期承受不正常的高壓，已經變得越來越脆弱，硬化的血管終於在其中某一點破裂，造成血液衝入周圍的大腦組織中。腦溢血造成的死亡率，是腦血管堵塞性中風的死亡率（二〇%）的兩倍。而有二五%

的中風是由腦溢血所造成，其他則是由腦血管堵塞所造成。

要使頭腦這部「引擎」有效運作，要消耗掉相當大的能量。這些能量的來源幾乎都是腦組織在將葡萄糖分解為水及二氧化碳的過程中得來的，而此種生化過程又需要大量的氧。大腦並沒有辦法儲存葡萄糖，必須倚賴動脈血液持續立即的供應。同樣地，大腦所需的氧氣也是由這種方式來供應。只要這種供應一斷，大腦在幾分鐘之內就會耗盡葡萄糖以及氧氣而窒息。神經細胞對局部缺血極端敏感，一旦氧氣或葡萄糖停止供應，在十五至三十分鐘之內就會發生無可挽回的損壞。在腦部缺血發生後不到一小時，重要的腦部組織便無可避免地會發生梗塞。

腦細胞受損後所顯現的徵兆不盡相同，要視哪一部分的腦血管阻塞而定。雖然至少有五、六條內頸動脈都很容易發生阻塞，但最常發生於中腦內成對動脈的其中一支。中大腦動脈將血液供給至腦半球大部分的側表面，以及大腦皮質下層中心的某些區域。中大腦動脈負責提供養分至大腦皮質中主要感覺及運動神經的部分，而此部分除了控制眼睛及手部的動作，亦有一部分為特殊分化後的聽覺神經。它也將養分供應至稱為「較高級思維功能」的區域，如認知、思考組織能力、隨意運動，以及這些功能之間的協調。在大腦主導的一邊（左撇子為右邊，而其餘八五%的人在左邊），中大腦動脈還供應語言的感知及動作區域。這種大腦功能位置的分布關係，說明了為何這麼多的中風者喪失表達或了解語言文字的能力。

許多中腦動脈中風並非由於腦血管真正在此部位阻塞，而是由於內頸動脈的粥狀硬化塊剝落，或是心臟內本身的小血塊所引起。這些釋出物便成為血栓（embolus）。這是由魯道夫．維丘所提出的字，源於希臘字「embolos」，意即楔狀物或栓子被「投擲或擲入」。就這樣，一個栓子被投入血管中，隨著血流前進，直到卡在狹窄部位，完全堵住血管。在多數的病例中，阻塞並非由血栓引起，而是起因於粥狀硬塊的形成。不管是哪一種情況，由該血管供應的組織將會失去其氧氣與葡萄糖的供應來源，而且在幾分鐘內，組織就會受傷而產生症狀。如果阻塞不順利清除，該部分的腦組織就會因梗塞而死亡。

如果有人要指出造成死亡——無論是俗稱的或是細胞的——的普遍因素，那將是「喪失氧氣」。曾任紐約市法醫主任二十年的米爾頓．海派恩博士（Dr. Milton Helpern），就曾用一個極清楚而簡單的句子描述：「死亡可能源於不同的疾病與症狀，但每一個死亡所隱含的生理因素都是身體氧氣循環被破壞。」雖然對於複雜的生化學而言，這似乎太過簡化了，但確實能涵蓋一切。

許多中風都非常小，小到沒有任何立即明顯的症狀使病人意識到自己中風了。但等這種小型中風逐次累積，即使最粗心的觀察者也能發現到功能的衰退。芝加哥著名的臨床醫師華爾特．愛瓦雷茲（Walter Alvarez），曾引用一個「睿智的老夫人」所說的話：「死亡正一點一點地把我的生命取走。」他的臨床描述很清楚地記載著：

她發現在每次暈眩、昏亂產生後，她就變得更老一些、更虛弱一些、更疲倦一些。她步履變得更蹣跚、記憶力愈加減退，她的字跡更不易辨認了，而且她對生活的樂趣也減低了。她已經知道這件事差不多十年了，她正在一步步邁向死亡。

關於這些被腦部循環背叛的人，奧斯勒曾說過：「他們死亡的過程，正如其成長過程一樣漫長。」

大約有一〇%被診斷為失智症的老人，其成因是由於一連串小中風引起的，這個觀念乃是愛瓦雷茲觀察自己的父親後，在一九四六年提出的，現在被稱為「多發性腦梗塞失智症」（multi-infarct dementia），其病程的特徵是一連串不規則的突發性功能下降。有趣的是，這種腦血管硬化是在一八九九年由阿羅易士·阿茲海默（Alois Alzheimer）首次提出，而八年之後，他才提出另一種相當不同形式的智力退化——這第二種退化我們現今均以他的名字作為病名（即阿茲海默症）。

細微的腦梗塞可能會持續進行，至少要十年以上，讓大腦功能逐步累積不規則的退化，直到大中風或其他致命情形產生，使這個緩慢的病程到達最終目的地為止。

中大腦動脈引起的中風，會造成臉部與梗塞部位對側肢體的感覺喪失與虛弱。此種梗塞也會引起一種叫做失語症（aphasia）的狀態——喪失表達能力——雖然理解能力還保存著。其他血管的阻塞則會產生相當多不同的症狀，不只關係到該血管之供應區域，也與附近未阻塞血管所供應的養分量有關。語言與視覺障礙、癱瘓、感覺喪失、平衡異常——這些都是中風最常見的症狀。

大型中風常導致昏迷。如果中風的範圍過大，或產生了其他併發症，如血壓降低、心臟衰竭或心律不整導致心輸出量降低，那麼恢復的機會就很小，而且缺血的範圍會增加。如果範圍夠大，腦組織就開始腫脹，而由於在頭骨的固定範圍內受到擠壓之故，腫脹的腦組織就會頂到覆蓋於其上的腦膜與頭骨，而遭受更進一步的破壞；而且有部分腦組織被往下推至分離大腦與腦幹的腦膜——腦幹被認為與身體的自發機制如心跳、呼吸控制、消化與膀胱功能等有關。當此種情形發生時，壓力造成腦幹的心跳與呼吸控制中樞損壞，使病人發生心律不整、心臟衰竭或呼吸衰竭後立刻死亡。

因中風而死的二〇％患者（在高血壓性腦出血中，比率更高），維生功能喪失只是許多致死可能機制的一部分。如果腦組織傷害範圍夠大的話，所有正常的控制機轉都會失常。如果原來就有糖尿病，有時情況會更難控制，血液酸度會上升到生命無法維持的程度；胸壁肌肉癱瘓有時會使肺的功能受損；血壓可能會上升至危險的程度——這些都是大中風最常見的一些致命併發症。

而我祖母離世的方式是——肺炎。除了皮膚，老人的肺部在我們汙染的環境下所受的蹂躪，比其他任何器官都要多。不論是汙染造成肺部彈性喪失，或是由於正常的老化過程，肺部完全充氣與排氣的能力都會下降。將黏液排出的能力變弱，而已經變窄的氣道，更容易被一些碎屑物所塞滿。由於無法在細支氣管中維持適當的溼度與溫度，會使情況變得更糟。老人免疫功能的下降導致局部抗體減少，會使上述身體機能衰退的情形更加複雜。

肺炎致病菌蟄伏著，等待那早已受損的老年人免疫系統再受一擊。昏迷是最佳的盟友，它奪走了清醒時每一種抵抗病菌侵略的方法，甚至連像咳嗽反射這樣基本的安全措施，都被昏迷摧毀了。在平時，任何一點的回流或是異物侵入氣道，都會立刻被用力排出，但現在這些東西卻變成了細菌成功侵入呼吸組織的載具。肺泡此時更形腫脹，且被發炎所破壞，使得正常的氣體交換無法進行，導致血中含氧量下降、二氧化碳上升，直到維生功能無法再進行為止。當含氧量下降至臨界點以下，大腦有更多細胞死亡，而心臟便產生纖維顫動或停止跳動。肺炎勝利了。

肺炎的毀滅性攻擊，還有另一種殺人的方法——它以肺內腐敗的大本營為中心，當作細菌散布的來源，這些行凶的細菌就能進入血流，散布至身體各器官。此種情形醫生稱之為敗血症，一般人稱為毒血，會引起一連串心、肺、血管、腎、肝衰竭的生理反應，造成血壓遽降至休克的程度，然後死亡。在敗血症時，即使最強的抗生素，也不是細菌壓倒性攻擊的對手。

無論最後是肺炎、心臟衰竭或是難以控制糖尿病引起的酸血症，很顯然中風總是與這些造成老年人死亡的殺手一起出現。中風只是末期腦血管疾病寬廣範疇的一部分，雖然有可能因為自暴自棄加速病況，但絕不可能在既定的病程中停止。編輯湯瑪士·布朗一八四五年版著作的亨利·賈狄納（Henry Gardiner），曾在後記中引用十七世紀文學家法蘭西斯·夸爾斯（Francis Quarles）的一句話：「人類有力量去加快或縮短人們的生命，卻無法延長或擴展壽命極限。」之後，夸爾斯以睿智附注：「最多只有延長生命燭蕊的藝術，使其發散更大的光芒。」世上並沒有方法能阻止老年人去面對其嚴肅的義務，但醫學的成就雖無法加長壽命的量，卻能改善生命的質。

無解的老化之謎

許多醫師（尤其是大部分時間花在實驗室者）與統計學家一樣不相信老人死於年老的必然性。如果他們讀了有關我祖母生命最後幾天的敘述，他們會毫不懷疑地指出肺炎與其他感染，終究還是八十五歲以上老人的第二大可確定死因，而第一是血管硬化症。我祖母兩者皆罹患，因此他們可能會宣稱祖母的死證明了他們的觀點，還會主張強力介入治療上述症狀，以延長壽命。對我而言，這更像巧辯，而不是科學。

我承認這些醫師們眼光的正確與透徹，但有許多證據顯示生命確實有其天然固有的極限。

當極限到來時，即使沒有特別的疾病或意外，生命燭火也會熄滅。

幸運的是，許多專門照顧老人的臨床醫師已了解到這點。老年醫學家闡明侵害體弱力衰老人的病變，其偉大貢獻固然值得我們喝采，而他們將同情心帶入工作中，則更應贏得我們的尊敬。我最近和我學校的老年醫學教授里歐．庫尼（Leo Cooney）醫師討論過，之後他在信中以兩段精簡的文字總結了他的觀點：

大部分老年醫學家，都堅決主張不要使用那些激烈的介入性手段來延長病人壽命。腎臟科專家為老邁不堪的病人做血液透析、胸腔科專家對沒有生活品質的老人實施氣管插管，甚至外科醫師在病人因腹膜炎而死是較仁慈的死法時，卻仍執意要動刀——老年醫學家總是對這些做法提出挑戰。

我們希望改善老年人的生活品質，而不是去延長壽命。因此，我們希望看見老人們儘可能過著獨立而有尊嚴的生活。我們的工作是減少尿失禁、控制意識混亂，幫助家屬處理阿茲海默症這類疾病。

基本上，老年醫學家可視為老人的第一線健康照護者，因為這個世代並沒有「熟知病人一如熟知疾病」的老家庭醫師。如果一個老年醫學家是專科醫師，他的專精領域就是老人全身。

至一九九二年底為止，美國只有四千零八十四名合格的老年醫學專科醫師，卻有一萬七千多名心臟專科醫師。

有人或許會質疑我「生命的自然極限幾乎不容改寫」這種說法中的部分證據。事實上，有許多精密的實驗，已開始在一些身體健康的老人身上進行。在那些研究中，他們針對一些沒有罹患任何會影響正常功能疾病的健康男人和女人，評估年齡所造成之功能上的改變。而結果正如我前面說過的——無論有沒有發生任何事情，老化的過程仍持續進行。老化可說是既獨立又與疾病相依存的過程，就後者而言，它會造成疾病，而疾病也可能會加速老化。但無論有沒有病，身體都持續老化中。

我與老年生理研究者的紛歧，在於治療的哲學。當一個疾病可以用命名的方式來確認，疾病造成的破壞就成為治療的主題，也使治癒成為目標。所以，現代科學訓練下的醫師也成為專科醫師。無論他宣稱自己是如何熱切地想解決人類的痛苦，也無論他對工作多熱忱，一般的專科醫師都會被疾病之謎所吸引，而且渴望去征服在他追根究柢的心中存留的疑難問題；無論是研究工作者或是臨床醫師，都是如此。在生命的兩端——老年與小兒病人中，若能被相當於今日家庭醫師的人指導照顧，那是相當幸運的。

疾病的診斷以及用智慧來尋求克服之道，正是促使每個專科醫師專精於所長的動機所在。他們被病理學所吸引。當面對無力治療的必然性時，這有志於成為治癒者的人，卻常常退怯了。如果一個謎在本質上就是無解的，它只能夠捉住極小部分的「只治療特定器官與疾病」類醫師的興趣。而老化既不可避免又無解。藉由給予症狀一個可以治癒的疾病科學名稱，太多老人們求助的專科醫師，仍停留在對疾病之謎的狂熱。他們也相信他們給了病人某種希望，雖然結局總證實這樣的希望是虛妄的。如果我竊用一個當代術語來描述，「承認老人死於年老，是政治不正確的立場。」

身體內在老化程序，不可避免地造成個體逐漸虛弱以致死亡，有可疑之處嗎？我們整頓力量去對付埋伏在我們周圍危機的能力，每年都在下降，有可疑之處嗎？這種能力的下降，肇因於我們的組織與器官的能力逐漸變差，有可疑之處嗎？組織、器官功能變差，是由於正常結構與功能耗損之故，有可疑之處嗎？一般性的耗損，無論在人或機器，都會使其喪失功能、停止運作，有可疑之處嗎？難道傑佛遜不知道自己在說什麼嗎？

傑佛遜達觀的表達，事實上已有千年以上的歷史。在中國、甚至全世界最早的醫書——《黃帝內經．素問篇》（距今約三千五百年前），這位神話君王曾向一位叫做歧伯的醫師請教有關老年的知識。這位學富五車的醫師告訴他：

當一個人老化時，他的骨頭會變得像稻草一般又乾又脆（即現代的骨質疏鬆症），他的肉鬆軟下陷，而且胸腔中有許多空氣（即現代的肺氣腫），胃部常感疼痛（即慢性消化不良），心臟常感不適（即心絞痛或慢性心律不整中的撲動），頸背與肩部頂端常會攣縮，身體時感發熱（通常是泌尿道感染造成），骨頭乾枯無肉（肌肉質量減少），眼睛鼓出且鬆軟易陷。當肝臟的脈動可被看見（右心衰竭），但眼睛卻無法分辨細縫時（白內障），死亡就即將降臨。當一個人無法再戰勝疾病時，壽命的極限就可期了，而死亡的時刻也就來臨了。

損耗理論與定時自殺

問題不在老化是否造成衰竭與無法克服的疾病，而是為什麼會老。《舊約．傳道書》作者所羅門王，是西方傳統中最早指出以下觀點的人：「凡事都有定期，天下萬物都有定時；生有時，死有時。」這個主題是如此老生常談，以至於這個主題在每個世代的文學作品中都曾出現。在所羅門王之前，荷馬也寫道：「人類如葉子一般。當一代興盛時，另一代就衰微。」有很好的理由支持一代必須讓位給下一代，正如傑佛遜在其生命接近終了時，寫信給同樣可敬的亞當斯說道：「無論對別人或自己而言，當我們必須離開、讓位給別人生長時，就是死亡的成熟時間了。當我們活過自己這一代的年歲，就不應去侵占另一代的。」

如果這是大自然使我們無法「侵犯另一代」的方式（而且簡單的觀察就能確認正是如此），那麼大自然必定要提供一些方法，使我們像荷馬所說的葉子一般，持續衰老至一個能「掉落」的階段，然後如鄉紳傑佛遜所言，「讓位給別人生長」。各類型的科學家都想要確認生物衰老的機制，但我們至今仍不知其為何。

基本上，解釋老化的過程有兩種不同的途徑。一種是強調在普通環境的日常生活中，由於細胞與器官持續地執行其正常功能，以致逐漸損壞。這種理論常被稱為「損耗理論」。另一種理論認為，老化是由於基因中原本就存在著決定壽命的因子，除了控制細胞與器官的壽命，也控制像我們這樣整個有機體的壽命長度。在描述後面這種論點時，我們常引用「基因錄音帶」的觀念來具體描述：當懷孕的瞬間，基因帶便已開始運作，並播放一連串的節目；不只死亡的時間（至少在比喻上）是預設好的，甚至第一個與死亡相關的音符將於何時播出，也已經決定了。推到極端，這理論可能意味著，在剛受精的卵中，可能就已經決定第一個癌細胞分裂的日期或週數了。

「損耗理論」的支持者在使用「環境」這個字眼時，可能代表整個地球環境，或是細胞周圍與細胞內的環境。像背景輻射（來自太陽或是工業）、汙染物、微生物、大氣中的毒物等因子，都可能會造成慢性傷害，使傳遞至子代的基因訊息改變。但也有可能環境因素並不扮演任何角色——訊息傳遞錯誤，可能是在傳遞過程中隨機錯誤所造成。無論是何種方式，這些在DNA中累積的變異，可能會造成細胞功能喪失而導致細胞死亡，而整個有機體明顯的改變就是老化。有些人稱這種細胞死亡的過程為「錯誤災難」（error catastrophe）。

某些環境中的有害物質，乃是源自於我們的組織以及細胞之內。我已敘述過，持續的撞擊會影響分子的基本性質，但還有別種機制。為了要維持充滿活力的健康狀態，細胞必須很有效率地分解自身代謝產物中的毒素。如果有任何不照此機制運行的情形發生，這些有害的副產物可能會蓄積，不只影響功能，還會直接影響DNA；無論起因是環境、傳遞中的隨機錯誤或代謝的有毒產物，DNA中錯誤的形成，常被許多人認為是老化過程的主要因素。

雖然我們不必太過嚴肅地看待新世紀運動中描述死亡的駭人文獻，但是其中一些看法如醛類與氧的自由基，仍值得我們注意；因為這些物質若不分解為較無傷害性的物質，就可能在原生質的損害與老化中扮演一定的角色。自由基就是在最外層軌道擁有奇數個電子的分子。這樣的結構極端活躍，因為只有在得到一個電子或是將未配對的電子釋出時，才能得到穩定性。這種極大的活躍特性，使得自由基在許多生物學理論上扮演著罪犯或英雄的角色：其範圍從地球的生命起源到老化的各種機制。一些致力於延長壽命的行動主義者，宣稱多食用含β胡蘿蔔素或維生素E或C的食物，將使我們的組織免受自由基之氧化。不幸的是，目前仍無確切的證據來證實其正確性。

另外一個老化的理論，是主張整個過程都決定於基因。在此理論中，每個生物體中都帶有一種基因程式，以逐漸「關閉」其正常生理活動，最終關閉所有的生命。在人類中，不同的人有不同的情形，至少，我們每個人最顯著的老化特徵都不太相同。這使得老化的現象並不一致，諸如免疫力喪失、皮膚起皺紋、惡性腫瘤的發生、失智症的產生、血管彈性下降，以及許多其他現象。

基因理論在三十年前被大為鼓吹高舉。當時雷歐納德・海菲力克醫師（Dr. Leonard Hayflick）發現，人類的細胞在實驗室培養時，過一陣子之後會慢慢停止分裂。屆時，它們一起停止運作，然後死亡。他發現細胞分裂的最大數目總是有極限，約在五十次左右。此研究在一種叫做纖維母細胞（fibroblast）的一般性細胞上進行（此細胞構成身體所有組織的基本架構），而本實驗的發現亦可類推至其他種類的細胞。似乎可以無限複製的癌細胞，當然就不屬於這種正常的細胞。

像海菲力克這樣的研究，正有助於解釋為何每種生物都有一特定的壽命長度，以及為何生物體會與其父母的壽命相近——長壽最佳的保證，是選擇正確的父親與母親。

科學的舞臺上出現過非常多的老化因素，我猜想它們應該都有某種程度的確實性。換句話說，老化很可能是這些因素綜合作用的結果，還要再加上另一個重要因素，我們每個人不同的個人構成要素。有些因素是遍存於所有生物中的，如發生於分子及胞器的改變。然而發生於細胞、組織、器官內的改變，也有可能專屬於單一生物種類，像是發生於整個植物族群或整個動物族群的改變。如海菲力克醫師所言，證據「強力顯示，在一般觀念中認為會隨年齡變化的某些生物不穩定屬性，其實有許多不同的原因」。

一些生物學的現象，如基因程式、自由基的產生、分子的不穩定性、細胞生命的有限性，以及基因和代謝上累積的錯誤，我在前面已經提過。關於老化還有一些可能的成因，在科學的殿堂中已發現有力的支持者。例如：有些研究者認為脂褐質不單純只是細胞內的裂解產物，只會改變老化器官的顏色而無害；他們相信脂褐質的蓄積足以致命。另一些人則極強調經由神經系統作為媒介的荷爾蒙改變；也有人認為當老化發生於免疫系統時，其基本變化是對本身組織的認知能力下降，而老年人的退化疾病，就導因於免疫系統對身體某些組織的排斥作用。

另一個理論認為，膠原蛋白（collagen）中的分子，會變成彼此互相連結。此種連結的聚集，會阻止營養物與廢物的流動，同時也減少了維生程序發生所需的空間。互相連結的其他效應，還包括了它可能會損害DNA而導致基因突變或細胞死亡。另一個較新的理論認為，因年齡增長，生理系統及相伴的組織變化的複雜性降低，因此身體機能的效率會下降；複雜性的下降背後可能是前述一些更根本的過程。

死亡基因

最近，科學家們對於生物間一種似乎是細胞死亡的內建形式很感興趣。這種過程，研究者稱之為「自滅」（apoptosis，這是由希臘文而來的，意為「自……消滅」）。乃由一種叫做「MYC基因」的蛋白質，在特定的異常環境下，展開一連串強而有力的基因反應。舉例來說，在培養皿中的細胞，若移去養分，這真菌基因就展開一種類似細胞內爆的程序，會在大約二十五分鐘的過程中摧毀細胞。稱此程序為「自生命中消滅」是相當精確的用字。這種預設的死亡，對於成熟有機體的形成是相當重要的，因為藉此過程，在發展過程中失去作用的細胞，將會被屬於下一階段的細胞所取代。在完全成熟的個體也可見到「自滅」的例子，它們是由環境中不同的事件所引發，而對細胞產生影響。

因為「自滅」形式的細胞死亡，乃是基因表現所導致的結果，所以我們很容易想到：MYC基因或其他類似物是否擔任了「死亡基因」的角色。這種基因引導的死亡，許多環境及生理上不同的因子都有可能是主謀，似乎也因此使前面的不同理論之間找到一致性。現在有另一種發現使這個研究方向更被看好，就是MYC基因所產生的蛋白質，和另一種稱為MAX蛋白質間的關係。當它們結合時，細胞便被指定去完成下列三件事中的其中一件——成熟、分化，或經由自滅的方式自毀。但指定的方式我們至今仍不清楚，因此，很明顯地，MYC基因在發育、成熟與內建形式的死亡上扮演相當重要的角色。這些新發現在這個時代的應用難以計算，不只運用在了解正常生理過程上，對於了解像癌症這種病理狀況也有很大的幫助。

學術界擁護妥協的人正在尋求其他途徑，希望能釐清表面上各異的觀點。例如：老化造成免疫方面的改變，可能是由神經系統操控的荷爾蒙影響，而這是由基因所控制的——反之亦然。我們不乏理論、不乏各類的支持者，甚至各概念間也不乏協調性。但由所有實驗數據以及其推測所揭示出的，乃是老化的不可避免性，以及生命的有限性。

那麼那些在美國聯邦政府統計表格中的正式病名究竟是怎麼一回事呢？每一群老年人致命疾病中，包含的多是通常可預測的一般性疾病。在高達數百種已知疾病中，約有八五％的老人死於以下七大類疾病之一的併發症：血管硬化症、高血壓、成人糖尿病、肥胖、心智功能下降（如阿茲海默症及其他種類之失智症）、癌症，以及對感染的抵抗力下降。有許多老人，是併有上面數種原因而死亡的。而且還不只如此：任何大型醫院加護病房的工作人員，在每日的觀察照護中，更能確信死於上述七種原因的末期病患不在少數。上述七種疾病，構成了迫害以及殺害老年人的元凶。對於我們之中已過中年的人而言，它們是死亡騎士。

非此即彼

病理解剖（屍體解剖）已經不像數十年前那樣流行了。由於現在死前就可獲得以前病理解剖才能知道的正確診斷，因此在許多現代臨床醫師眼中，都認為病理解剖是學院派病理學的一個贅物。現代死於診斷錯誤的人，已經比過去要少得多了——絕大部分的死亡都是由於我們無法改變那已被精確診斷出的疾病病程所致。在十多年前或是更早以前，我自己醫院的病理解剖率，已遞減至二〇％左右，而更多年以前卻是這個數字的兩倍。現在美國的病理解剖率則大約是一三％。

在病理解剖的全盛時期，我能夠向絕大多數病患的家屬取得死後解剖許可權。最近我不像以前那樣積極了，但是當我如此做時，我仍然必定與病理學家一同去檢視屍體，重新驗證他們的發現。經過六年的住院醫師訓練與三十年的執業經驗，我已目睹了相當多的病理解剖。在老年人身上發現廣泛的動脈硬化以及萎縮是很稀鬆平常的事，然而對一個正致力於找尋癌症可能散播的範圍或感染源的解剖者而言，這似乎沒什麼價值。外科醫師與解剖學家在孜孜不倦地仔細觀察組織以及器官內部的時候，很容易忽視那熟悉的老化景象，而這景象正是在一刀刀解剖下逐漸顯露出來的。若對此下注腳，就會像一個汽車駕駛在尋找正確路徑時通常不會對光禿禿的冬天景象特別注意是一樣的——它就是在那兒，不過如此。

當病理解剖報告在幾週後送到我這個外科醫師的信箱時，我常會被嚇到，原先鮮少受注意的生物殘敗已到很嚴重的地步。這也讓病理學家與我大有斬獲，在他仔細分析的報告中，極精確地找出每個與正常情形不同的變異。當我在讀他的摘要時，這些變異都躍入我的記憶之中，和我們之前一心追蹤的主要病因同時發生。我因此才漸漸完全理解我的病人是如何過世的。

有些病理解剖的發現與死亡毫無關係。它們只是同一個老化過程的結果，但藉由這老化過程，會產生一兩種特別的病理變化致人於死，有些非致命的發現可能與死亡沒有直接關係，但它們提供了死亡發生的背景因素或是環境。

最近，我求助於一位我在耶魯新海文醫院的同僚，華克・史密斯醫師（Dr. G. J. Walker Smith）。身為病理解剖部的主任，他是一個精明的老手，是在冷酷的解剖室內研究死者的醫師，奮力想要回答他們這陰沉學門的前輩——帕都安（Paduan）的解剖學家喬凡尼・莫甘尼（Giovanni Battista Morgagni）——在二百多年前所提的問題：「疾病在哪裡？」病理學家與剛死亡的病人，擔負著一個宣揚已久的責任，即掛在全世界數千個解剖室牆上的標語所寫的：「這是死亡歡欣前來協助生命的地方。」

解剖室是史密斯的地盤，正如手術室是我的一樣。當我告訴他，我很想確認長久以來看了幾篇解剖報告的印象——即老人是死於年老——時，他的反應比我預期的更好——他自己也很有興趣，而且不久前他也才剛接了一個與我想法類似的計畫。他找到了二十三篇解剖盛行時代的紀錄，是八十四歲以上的十二個男人與十一個女人，其死亡時間都在一九七〇年十二月至一九七二年四月這十六個月之間。他們的平均年齡是八十八歲，最老的是九十五歲。

雖然在血管硬化、中樞神經的微觀退化等病理變化的分布各有不同，但是以巨觀來看時，有一個使我們兩個都印象深刻的共通事實。

一個個體的獨特死亡方式，乃是由組織進入退化過程的順序來決定。二十三個病人間的一個共通處（至少這些解剖報告所強調的重點），就是喪失生命力時，總伴隨著飢餓與窒息——血管變窄，生死間的界線也就變了。養分變少，氧氣不足，而且對重症後的回復力變差。每樣東西都敗壞與結痂，直至生命熄滅為止。我們所稱的中風，或是心肌梗塞，或是敗血症，只是由我們尚未明瞭的生理化學因素所選擇而已，它的目的只是在表演快要結束前將舞臺簾幕拉下，儘管這個老人外表還被誤認為很健康，其實已經接近生命終點。

一個死於心肌梗塞的八十多歲老人，不只是一個被天氣擊垮的罹患心臟病的老市民而已——他乃是死於不知不覺襲擊全身的老化過程。梗塞只是其中一個方法，即便某位年輕醫師在心臟加護中心拯救了他，也還有其他的方法在虎視眈眈。史密斯的病例所列出的正式死因中，七個死於心肌梗塞；四個死於中風；八個死於感染，包括三個死於老人的朋友——肺炎；三個死於末期癌症，其中一個最後是死於肺炎，另一個則死於中風。最令人震驚的一個發現，也符合我們的預測：這二十三個病人中，每個人的心臟和大腦都有嚴重的粥狀動脈硬化症，而且幾乎每個人都是兩處皆有。即使在他們死亡之前，都沒有出現需要治療動脈硬化症的任何症狀。在每個研究個案中，兩個維生器官的其中之一都已接近停止運作的邊緣。

另一個並未引起太大震驚的發現，乃是在任一個人的其他器官中，常可發現一些叫得出名字的疾病，但這些疾病與病人的死亡無關。在病理學家的報告中，這些疾病被稱為「意外發現的」。除了三個死於癌症的病人，另有三個人有「意外發現的」癌症——在肺、攝護腺，以及乳房。二個女人與一個男人，在主動脈或是大的腹部血管，有部分膨大成氣球狀，稱為動脈瘤，其原因乃是血管硬化導致管壁薄弱所致；十一個死者腦部在顯微鏡下可見舊的梗塞，雖然只有一個人有中風的病史記載；十四個人的腎動脈可見嚴重的硬化現象；有幾個人有嚴重的泌尿道感染；另一個死於末期胃癌的人，一隻腳已壞疽了。

有一個大家都熟知的事實，就是如果老年人年輕一些的話，就可以輕易地克服那致其死亡的疾病；但這點應用在一些死於非常「直接」的疾病案例時，更是令人吃驚：有一個病人死於盲腸破裂，二個死於膽囊及膽道手術後的感染，一個死於穿孔性胃潰瘍的併發症，還有一個死於憩室炎（diverticulitis）。每種疾病都是感染。感染在超過八十五歲老人的死因上，僅次於動脈硬化。另有兩個病人死於出血——一個是十二指腸潰瘍，而另一個是骨盆骨折的結果。由於在這些病理解剖舉行的期間，我曾是活躍的外科醫師，所以我能證明如果這七個人是在五十多歲得病，而且在大學附設醫院內治療的話，沒有一個會死亡。

史密斯的二十三個病人中，只有兩人腦組織沒有明顯的損壞。事實上，其中一人已被證明是對全身性的動脈硬化都有明顯的抵抗能力，至少在腦部與心臟是如此。這個八十九歲的老人，冠狀動脈的鈣化程度只是中度而已；引用病理解剖報告的內容來說，他有「比同齡要少的腦萎縮」。但他的腎臟卻遭損害。他的腎臟不但因腸道菌持續播種而成為慢性發炎之處（叫做腎盂腎炎），並且小動脈分支以及過濾小單元的破壞，使腎臟產生了明顯的疤痕。但是，並非慢性腎病使他死亡——他死於一種叫做多發性骨髓瘤的惡性腫瘤所引起的肺炎併發症。因此，與其他二十多位病人一樣，也是數種死因同時促成他的死亡。

另一個逃過腦部老化魔掌的病人，是八十七歲的拉丁文老教授，耶魯大學的前教務長。他雖然看來似乎身體健康（而且臨床上沒有心臟病的徵兆），但病理解剖卻發現他差一點就要心肌梗塞，有趣的是「冠狀動脈嚴重硬化，但腦血管卻鮮少被波及」這樣的組合。事實上，他的冠狀動脈已被描述成「鉛管」，還有一支已經完全堵塞。他的心臟由於萎縮而變成棕色；腎臟也老化得符合他的年紀。這位老教授在一個十二月的寒冷夜晚，因突然的嚴重腹痛而醒來。急診室下了穿孔性胃潰瘍的診斷，四天後病理解剖也證實是如此，老化的免疫系統和營養不足的心臟，無法保護他倖免於腹膜炎。這位教授並未受損的腦，在身體其他器官受傷害時，並不能提供任何的幫助。

自毀，奔向來世

這二十三個病史所教給我的，只是肯定我自過去經驗所習得的東西而已。無論死亡是由於生物化學混亂或是正好相反——一個細密的基因密碼將人帶向死亡——我們死於年老，由於我們已耗損殆盡，而且已預設要崩毀。非常老的人並非死於疾病——他們自毀，奔向來世。

由於導致老人死亡的途徑不多，也由於這些途徑有許多重複、混雜之處，那麼產生其中一種疾病，對另一種病就是高危險群，當然也就不足為奇。是否當我們老化時，所有疾病的共通因子都更加活躍？這個考慮已併入老化的不同理論中。舉例來說，其中一個理論認為，我們的生長與發育是代謝形式的一部分，由腦中調節荷爾蒙活動的下視丘來控制。這機轉在生命一開始就展開了，使得身體能適應外在的環境。這種適應好像沿著一張計畫表那樣，導致發育、成熟與老化。如果這種神經內分泌學的理論正確，老年人產生疾病，乃是有機體終生適應外在與內在環境改變所付出的代價。

整個過程就好像是一個偉大計畫逐步開展，而這個計畫涵蓋了有機體自胚胎期至死亡整個發展的過程，或者至少到死亡之前不久的混亂狀態。在這方面，生理學理論家可作為喪親的諮商者，因他指出「死亡乃生命的一部分」這個死亡的重要價值。

湯瑪士・布朗書中附錄裡有幾句話，想法類似，只是更形灰暗。在一本名為《商人與修道士》（*Merchant and Friar*）的書中，十九世紀的史學家鮑格雷夫（Sir A. Palgrave）寫道：「在跳第一下脈搏，纖維震動，器官有生命力的同時，也是死亡幼苗發芽之時。在我們成形以前，淺窄的墳墓已挖好，準備將人們埋入。」死亡在生命的第一動，就已經開始了。

這些可能性，讓我們深思生命的重大決策。當一個老人被告知癌症有可能減輕痛苦甚至治癒，但必須忍受那使他衰弱的化學治療或危險的大手術，他應該如何回應？他是否會在治療過程中吃盡苦頭，然後第二年死於腦血管硬化？畢竟，腦血管疾病只是那減低他免疫力、使其產生致命癌症的同一過程的產物。但是，老化過程在不同方面以不同的速率表現，所以他的中風又可能比預期還慢一點才會發生。這些可能性只能用一些非惡性疾病的現況來評估，如高血壓的程度與心臟病的狀況。這是在對老人下每個臨床決策時所要考慮的事情，而聰明的臨床醫師總是小心地運用它們。聰明的病人也應該這麼做。

生死有時

無論是資源的耗損與用罄，或是基因預設的結果，每種生物都有特定的壽命長度，對人類而言約是一〇〇至一一〇歲。這意味著，即使能夠在老化肆虐之前治癒或預防每一種疾病，還是沒有人能活過一個世紀以上。雖然《聖經．詩篇》中說道：「我們一生的歲月是七十歲。」但似乎沒有人記得以賽亞是更好的預言者，或至少是個更好的觀察者，他宣稱「這孩子將在一百歲時死去」。他是指新耶路撒冷，在那兒沒有嬰孩的死亡與疾病：「將不會有嬰孩的死亡，也不會有老人未活到他該有的年歲。」如果我們留意以賽亞的警語，以及避免麥卡提的行為、解決貧困的問題、愛我們的鄰居，誰知道我們會與這預言中的情形有多接近？醫學以及生活的改善，已把我們往這路途上帶了一大段路。西方社會在不到一百年的時間，將初生嬰兒的預期壽命延長了兩倍以上。在現代人口學的型態上，我們之中大部分的人都至少活到邁入老年的第一個十年，因此都命定要死於老化。

雖然生物醫學大幅提高了人類的平均壽命，但人類最長壽命自有歷史以來就沒有改變過。在已開發國家之中，只有萬分之一的人活過一百歲。每當仔細檢查可能破長壽紀錄的情形時，都無法證實紀錄的可靠性。已確定的最長壽紀錄是一一四歲。有趣的是，這位人瑞來自日本，而日本國民比其他國的人民都要長壽：女人平均壽命為八二．五歲，男人是七六．二歲。美國白人平均壽命是：女人七八．六歲，男人七一．六歲。即使是高加索自製的酸乳，也無法征服大自然的壽命極限。

有許多證據支持「生物種類決定了壽命長度」這個理論。最明顯的證據是：不同種的動物，其最長壽命也大不相同，但是同種動物的最長壽命就差不多。另一個支持這理論的生物學觀察是：任一種動物平均子代數目，被證實與其最長壽命成反比。像人類這樣的動物，不只懷孕期長，而且幼體長成至生物學上完全獨立的個體，所需的時間也異常地長。所以人類需要很長一段具生育力的時期，來確保種族的存活。人類是最長壽的哺乳動物。

如果老化的過程不會因個人習慣的改變而有太大的變化，那麼我們為何要堅持活過壽命可能存在的極限？為何我們不能安於大自然不變的形式？雖然近幾十年來我們對自己身體與壽命長度的關注，達到過去未有的熱潮，這種充滿希望的追尋在過去的社會中也總會激起一些人的興趣。早在古埃及之時，就有證據顯示老人想延長他們的壽命——三千五百年以前的紙草卷上就記載著使老人回復青春的方法。

即使科學在十七世紀已點燃新醫學的開端，當時的醫學領袖赫曼．鮑哈夫（Hermann Boerhaave）卻推薦了「老人睡在兩個年輕處女間可重獲健康」這個論調；大衛王也曾做過同樣的無益之舉。歷史已帶領我們走過以人乳回春的農村時代，以及服用猴子腺體以恢復活力的假科學時代，現在我們的時代則可稱為維他命C與E的時代。但從未有人成功地向上天借取時間過。最近，有研究者告訴我們，生長激素可增加我們身體不含脂肪的瘦肉重量，以及骨骼的密度，有些人因此就堅持認為如此會使人變得年輕些。我們現在又聽到所謂「基因治療」，把DNA切斷、黏結，說是將使壽命增長數十年以上。一些較嚴肅的科學家嘗試去平息眾說，告訴他們這不是事實也不應如此做，但都沒有用。人們永遠學不會教訓——總會有人堅持要尋找青春之源，或至少使那無法改變的命定事實慢些來臨。

上述這些都是空泛而不切實際的，也貶低了人的價值。至少，它不會為我們帶來榮耀。我們遠非不可替代，而是應該讓位給下一代。停止死神之手的荒誕想法，對我們全人類種族以及人類的進展，都大大不利。更直接地說，這對於我們自己的下一代，也是不利的。大詩人丁尼生（Tennyson）曾清楚地說過：「老人必須死亡，否則世界只會腐敗，只會歷史重演。」

站在歷史的肩膀上，藉由年輕的眼睛，每件事才能持續新鮮，重新再被發掘。年輕，才能跳脫老舊方法的困境，向這並非完美的世界挑戰。每個新生代都渴望表現自己——表現自己以達成人性中的偉大事件。在所有生物間，死亡與離世乃是自然之途——老年是死亡的準備，準備好逐漸離世，使得這樣的終點對老人而言更令人愉悅，對我們身後的年輕人也是如此。

我在此並非反對有活力且懂回饋的老年生涯，也不是提倡提前進入衰老的夜幕中。活著的時光應該儘可能身心大量運動，充實活著的每個時刻，以及防止那使我們變得更老的「與外界隔離」。我只是認為去抵擋那人類情境中的必備元素是徒勞無益的。持續無益地抵擋死亡，只會傷了愛我們的人與我們自己的心，更不用說會花掉那些該被用在還未活到當得年歲的人的社會資源了。

當接受了生命有明顯的極限這個觀念後，生命就會變得比較和諧、平衡。生命中有一個架構，所有的快樂、成就與痛苦都位於其中。有些人的壽命超過了大自然賜予的極限，不但喪失了這樣的架構，也喪失了與較年輕的人的正常關係，所得到的，只是年輕人工作與資源被侵占所引起的憎恨。事實上，從事有意義事物的生命時間限制，正是促使我們趕緊去做的真正動力，否則我們只不過停滯不前而已。因為總是聽到時間駕著馬車快速接近，這件事情提醒我們整個世界和時間都是無價珍寶。

法國的蒙田是十六世紀散文的創始者，也是一個社會哲學家。他檢視了社會上醜惡的現實，以懷疑的耳朵聽出人類的自我欺瞞。在他一生五十九年的歲月中，有許多關於死亡的思想，而且認為我們必須去接受那在大自然裡都一樣平等的各種死亡方式：「你的死亡是宇宙秩序的一部分，是世界生命的一部分……也是你之所以能存在的條件。」在名為〈學習哲學即學習死亡〉這篇散文中，他寫道：「讓給別人空間，正如別人讓給你的一樣。」

在那個不安定與暴力的時代，蒙田相信，死亡對於那些在活著時花了許多時間思考並隨時準備死亡的人而言，是最輕鬆的。他寫道，只有以這種方式，才可能「耐心與安靜地」，甘於順從死亡的召喚，因為知道生命隨時可能中止，也才能更滿足地享受生命。他有一則出自這種哲學的警語：「生命的用處，不在於壽命的長短，而在於時間的運用；一個人可能有漫長的一生，卻只真正活了一點點。」

Chapter 5

Alzheimer's Disease

阿茲海默症

每一種疾病都有它的因果關係。當身體內的細胞、組織和器官發生病理變化，或是生化反應出了問題時，就會反映在病人的症狀和身體檢查的異常結果上。我們如果能找出體內的不正常變化，就可以解釋臨床上所觀察到的現象。因此，要診斷一個疾病，就是利用外在的表現作為線索，來尋求致病的原因。

舉例來說，若供應某一部分心肌的動脈血管發生硬化和阻塞，臨床上就有可能會引起心絞痛或心肌梗塞；如果腫瘤製造過量的胰島素，會使血糖急遽下降，腦部得不到足夠的營養，病人便會陷入昏迷；專門侵犯脊柱運動神經細胞的病毒，會使神經細胞所控制的肌肉麻痺；腹腔手術後的疤痕組織若與腸道沾粘，使腸子扭絞在一起，會造成腸阻塞，產生腹脹、嘔吐、脫水，以及血液中化學物質不平衡，後者還可能引發心律不整；闌尾破裂會造成腹腔蓄膿，引起腹膜炎，大量細菌會進入血液中，使病人表現出高燒、敗血症和休克。類似的例證不勝枚舉，都是醫學教科書中常見的素材。

病人被帶到醫生那兒時，可能表現出一種或多種症狀——如心絞痛、昏迷、下肢麻痺、腹部腫脹、嘔吐不止，或發燒合併腹痛——這時醫生就要開始尋找原因了。所謂「疾病生理學」（Pathophysiology）是指身體內一連串的變化，導致臨床上可觀察到的症狀和現象。

疾病生理學是探索疾病之鑰。有些醫師可能會對這個字產生哲學和詩的美學聯想。別意外，這是由於希臘字根「physiologia」的原意，探究事物的本質，充滿了哲思與詩意。加在前面的「pathos」，則意為痛苦或疾病。所以醫生所探求的，便是痛苦和疾病的本質。

醫生的職責，就是循著線索軌跡去尋找病原，直到找出禍首為止。它有可能是微生物或是荷爾蒙，是屬於化學性或是物理性，是遺傳因素或是環境因素，是惡性或是良性，是先天性或是後天性。他們要從這個破壞者傷害身體所留下的線索來著手調查，重現致病的過程，從而擬定治療計畫，使病人免於受到病原的傷害。

從某個角度來看，每位醫生都是疾病生理學家，藉著追溯症狀的根源來診斷疾病。一旦診斷確立，才能選擇合適的療法。治療的方式包括切除病變、用藥物或X光破壞病灶、使用解毒劑、強化受害器官、殺死致病菌，或僅僅維繫病人生命，直到他本身的抵抗力能戰勝病原。只要病人還有一線機會，就必須將各種治療計畫統合起來對抗疾病。醫生參與了病人的生存奮鬥，而他選擇武器的兵工廠，就是對各種疾病因果關係的認識。

過去一世紀生物醫學的研究，已經對大部分病症的疾病生理學有所了解，至少已足夠讓我們能採取有效的治療措施，但是還有一些疾病的因果關係，至今仍是個謎，甚至是當代的一大困擾。現在稱為「阿茲海默型老年失智症」的疾病，不僅屬於這一類，而且自從一九〇七年醫學界開始注意到這個難題開始，科學家至今仍無法找到它的真正病因。

阿茲海默症的基本病理變化，是大腦皮質的神經細胞逐漸退化，並且數目大量減少。而這些神經細胞與所謂的高級功能有關，如記憶、學習、判斷力等。在不同的階段，病人失智症的程度與特性，也和神經細胞受波及的數量與位置有關。神經細胞數量的減少，本身就足以解釋記憶喪失和其他認知不足的現象。但還有另外一個因素也扮演了重要的角色，就是細胞間傳遞訊息的化學物質乙醯膽鹼（acetylcholine）的含量顯著降低。

這就是我們對阿茲海默症的基本認識。想要運用這些知識，將某一時刻大腦構造和化學上的變化，與病人臨床上的特殊表徵連結起來，卻還差得很遠。醫學界雖然極盡全力地研究，還是不了解阿茲海默症疾病生理學上的許多細節真相。我在前面曾列舉了一些疾病的病因、表徵與治療方式。但是現今對阿茲海默症的認識（也可說是「無知」）卻無法與之相提並論。不論是對它的成因或治療，我們都所知有限。

事實上，我們很難說出阿茲海默症如何奪走人的性命。在這個逐漸惡化的病程中，往往很難將疾病生理學上各個階段的變化與臨床症狀關聯起來；勉強解釋只會徒增困惑，難以服人。但還有一些事是可能的：描述腦部的基本病理變化以及相關的研究；利用我們對這疾病所累積的知識，有可能使最深奧的腦部功能異常逐漸明朗化；也可以記錄病患家屬情緒受到重創的歷程，或是病患本身的經歷——以及他們辭世的過程。

結婚五十週年紀念日

珍妮特．懷亭的丈夫是阿茲海默症患者。他的病情不斷惡化，直到逝世。六年來，珍妮特飽受煎熬。她回憶起「事情的轉捩點，發生在我們結婚五十週年紀念日的十天之前」。我從小就認識珍妮特和她的丈夫菲爾。一九三〇年代後期，我和家人第一次到他們府上拜訪。那時他們正值新婚，年輕又迷人。男主人二十二歲，女主人二十歲。而我的雙親是外國移民，四十多歲，屬於穩重保守、安家立業的那一型。相較之下，懷亭夫婦簡直像一對電影明星；住在那幢新裝潢的房子裡，簡直像孩子在玩家家酒。

我並不懷疑懷亭夫婦彼此間所洋溢的狂熱愛情，只是疑惑像他們這樣的神仙伴侶是否能維持婚姻。我深信他們只是在試驗，因為根據我過去的觀察，沒有哪個結過婚的人像他們這樣。若要指望婚姻美滿，懷亭夫婦似乎勢必得改變這種如痴如狂的情感。

但他們幾乎始終如一。他們的婚姻維繫得很好，彼此溫柔相待。及至我年紀漸長，對男人與女人之間的事稍有了解後，才越來越覺得這對夫婦難能可貴。他們始終不怕公開流露情感。許多年後，菲爾的商業房地產生意蒸蒸日上，在布朗區的公寓也換成康乃狄克州郊區西港市的漂亮房子，他們的三個孩子就在那兒長大成人。等孩子們長大後，珍妮特和菲爾又搬入史卻德佛（Stratford）的豪華公寓。菲爾六十四歲時從全職工作退休，那時孩子們早已自立，他們夫婦也頗有積蓄，往後的日子看似無憂無慮。

在我二十多歲到四十歲的這些年間，沒有再見到他們。直到一九七八年，我們的人生路徑才再度交會。當時他們住的華廈，與我在新海文市附近的住處相距不遠。和這兩位了不起的朋友相聚一晚後，我不禁讚嘆他們的情感絲毫沒有褪色，即使在小事上，也可以見到他們流露出的體貼關懷。他們的關係，勝過當初的誓言。後來菲爾完全退休下來，與珍妮特搬到佛羅里達州戴爾瑞海濱（Delray Beach）定居。妻子和我非常捨不得和這麼珍貴的朋友告別。當時我們並不知道，有些異樣已經浮現。

過去菲爾只要一有空閒，常浸淫在書籍之中。他的心思敏銳，喜歡非小說的讀物。但在這次搬家之前，他就不再看書了。多年以後，珍妮特才回想起來，菲爾那時已經不太對勁，會要求她寸步不離。如果她要進城一下午，菲爾就喃喃抱怨：「我可不想退休後就孤孤單單的。」他以前很少動怒，現在卻動不動就發脾氣，在史卻德佛市的最後幾年，有時甚至會勃然大怒。

他也越來越喜歡挑女兒南西的毛病。她從紐約搭火車來探望他，常常在回去之前被弄得流淚收場。搬去佛羅里達州以後，菲爾發生過幾次無法解釋的意識混亂，而且越來越頻繁。每次碰到這種情形，菲爾總是怪罪別人，對別人懷疑、發怒。他不止一次走錯理髮店，責怪對方爽約。還有一次，他在加油站威脅著要毆打一位嚇壞了的摩托車騎士，只不過因為那傢伙正要拿起身旁的加油管——這件事竟然發生在一個過去從未發怒動手的人身上。

菲爾這些新出現的毛病，一直被當作是主管級人物不能適應老年退休生活才有的特徵，直到發生了一件事，才露出端倪。那天晚上，珍妮特請好友華納夫婦吃飯。他們已經多年沒有見面了。菲爾從前十分親切好客，對太太的手藝和自己熟諳酒類頗感自豪。他年輕的時候就有點兒發福，但並不以為意。大大的肚子和圓臉上輕鬆自在的笑容很有感染力，很容易讓人感受到他的慷慨愉悅。他平易近人，討人喜歡，生就一副好性情的樣子，也懂得營造舒適快活的氣氛。不管在自己家中或是在別人那兒，菲爾都像是心胸寬大的旅店老闆，立意要使他周圍的每個人都賓至如歸。

那次的晚宴也不例外。珍妮特準備了拿手好菜，菲爾也特選佳釀，席間他們的談話熱絡而愉快。整個晚上瀰漫著歡樂快活的氣氛，正是菲爾家的宴客特色。早在好幾年前，華納夫婦就對於在菲爾家作客的溫馨美好感到印象深刻。

但是到了第二天早上，菲爾卻什麼也記不得了。他否認見到華納夫婦，並且怎麼說都沒有用。珍妮特回憶起當時情景：「這使我大大震驚。」菲爾近來行為上的轉變雖然事實俱在，但珍妮特一直試圖將它合理化。甚至在那天早上，事情已經非常明顯了，她還是忍不住要為這件事辯解。類似這樣令人不安的狀況，她實際上已經屢見不鮮了。「我想，有時候我也會忘記事情，或許過後會再想起來吧！」珍妮特雖然漸漸意識到這個可怕的事實，卻極力逃躲它。她幾乎說服自己，先生最近的毛病其實沒有什麼大不了的。

幾週之後，珍妮特脆弱的防禦工事還是被打垮了。有一件不容爭辯的事，逼使她不得不正視問題，沒辦法再窮盡各種合理化的理由分散或模糊焦點。那天下午，她出去幾小時，回來後卻發現自己面對的是震怒不已的菲爾，大發雷霆地指責她去會晤情人。更令她難過的是，菲爾虛構的那位情人，是他去世多年的表弟華特。「那時，我根本不知道阿茲海默症是怎麼回事，但我害怕極了！一定有什麼事發生在菲爾身上，是我再也不能忽視或強辯的了。」

雖然去看醫生，也許最後能有個診斷，證實菲爾的情況是怎麼回事，但珍妮特對此還是猶豫不決。也許她還冀望著，菲爾只是暫時性的情緒變化，或者他這些不恰當的行為不會再惡化，甚至隨著時間過去就會消失。畢竟，每次事件都很短暫，菲爾也不記得。他常常一轉眼就忘記他說過的話或做過的事。到如今，珍妮特已經想不起來她曾經告訴自己的許多小謊言。靠著這些小謊言，她才能從日益增加又揮之不去的焦慮中平靜下來，不致那麼快就澈底絕望。

到最後，她再也不可能逃避菲爾心智混亂的事實了。他常常半夜三更醒來，對珍妮特大叫大嚷，要她滾下床去。他會大聲咆哮：「妳怎麼會在這裡？妳什麼時候來的？兄妹怎麼能睡在一起？」每一次，她都耐著性子順從他，讓他一人憤怒地亂翻亂滾，自己則到客廳的長沙發上，卻再也睡不著了。菲爾通常很快就會安靜下來，沉沉睡去。第二天早上完全不記得他的無理取鬧。

華納夫婦事件後兩年，珍妮特找了一些現在已經想不起來的藉口，說服菲爾去看醫生，因為事情再也不能拖下去了。當然，她也終於說服了自己。醫生仔細地詢問病史，做完身體檢查後，就走出診察室，宣布菲爾得的病症。那時候，珍妮特已經對阿茲海默症略有所知，也預料到會是這個病。但當她聽到這幾個字時，卻依然不能稍減震驚之情，好像一切都完了。她和醫生決定不告訴菲爾。他們即使告訴他，對菲爾可能也沒什麼差別。他暫時會知道，但不會在腦海中留下什麼印象。幾分鐘後，他就會忘得乾乾淨淨，好像他們根本沒說一樣。

但是幾個月後，珍妮特還是忍不住告訴菲爾。菲爾越來越不可理喻，記憶喪失的時間也越來越長久。珍妮特有時就會控制不住，失去耐性。但每次她發脾氣或說出一兩句重話後，總是立即為此內疚不已，責怪自己竟然用這種態度去對待這麼好的一個人。有一次，她特別生氣，禁不住罵道：「你難道不知道自己有問題？你知不知道你自己得了阿茲海默症？」她對我描述那次經歷：「在那一剎那，我發覺這些話竟然出自我的口中，真是太可怕了！」其實，她大可不必那麼懊惱。她剛才的舉動只不過像是埋怨天氣而已。她雖然說漏了嘴，菲爾卻不會對自己的病情增加什麼了解。他並不覺得有何不幸降臨到頭上——他不會記得自己的健忘。認識老好人菲爾但沒有深交的人，可能會覺得他沒什麼兩樣，這也正是他自己的看法。

和其他有類似遭遇的人一樣，珍妮特決定儘可能親自照顧菲爾，並且找書來讀，希望能明白阿茲海默症患者的心智狀態。市面上有許多這方面的好書，其中最好的一本是《三十六小時的一天》（*The 36-Hour Day*），書名很貼切。這本書印證了早先醫生所說的，例如：「這個疾病通常進展緩慢，卻會一直無情地惡化下去」、「阿茲海默症通常在七至十年間致命，但也可能短到三或四年，長達十五年」。珍妮特懷疑目睹的不只是老化對生命的摧殘，她讀到書上的句子：「失智症並非老化的自然結果。」

她很快就明白自己所面對的是一個真實的疾病，以及隨之而來的惡化與死亡。《三十六小時的一天》和其他的書中提到菲爾可能會產生的身體與情緒變化，並提醒她不僅要照顧病人，還要懂得照顧自己，以度過這段充滿壓力、痛苦的歲月。但最後她發現：「這些都只不過是空口說白話，不能真正改變什麼。能使你做到的，唯有你的心志。」在《三十六小時的一天》中曾直言道：「失智症的患者，有時可能會有攻擊行為。」珍妮特讀了許多書，也試著預備好來面對這種可能的情況，但她還是沒有料到發生在一九八七年三月某一個晚上的事。那時，她全心照顧菲爾已經一年。還有十天就是他們結婚五十週年紀念日。事情的轉捩點就發生在那天。

事隔五年之後，她對我描述當時的情況：

他不認得我了，還以為我闖進他家，正在偷珍妮特的東西。他動手推我，拿各種東西丟我，又打破了幾件我的古董，因為他不知道那是什麼東西。他還說要打電話給南西，把這件事告訴她。他後來真的打電話給她，南西馬上就知道這是怎麼回事，要菲爾「讓那個女人來接電話」。他把電話推向我，說：「喏，我女兒想和妳說話，她會要妳滾蛋。」我拿起電話，南西對我說：「媽媽，立刻離開家，我會叫警察。」我一掛斷電話，菲爾就抓起話筒，他也要找管區警察。

我繼續留在家裡真是不智之舉。因為他到處拿東西丟我，逼得我也只好叫警察。你想想看，當三輛警車一起出現，我有多窘！警察進來後，我試著解釋這裡的狀況，但菲爾說：「她才不是我太太。你跟我來，我給你看我太太的照片。」他把一位警察帶到臥室，給他看我們的結婚照片。當然，那警察一看就明白了。他說：「新娘跟你太太很像，現在就站在那兒！」但菲爾堅持：「她根本不是我太太。」

這時，菲爾還認得的一位鄰居也進來了。她看了一眼發生的事，輕輕地對他說：「菲爾，你知道我愛你，不會對你說謊。這位女士就是珍妮特，你轉過身來看看她。」他聽話地轉身盯著我看，好像第一次見到我。「珍妮特！」他說：「謝天謝地妳在這兒。剛才這裡有人想偷妳的衣服。」這就是那天的經過。

有一位警察對菲爾好言相勸，要將他帶上車。菲爾不肯：「別人會以為我被逮捕。」警察只說了一句：「哦，不會的，他們會以為我們順道載朋友一程。」菲爾就對這個簡單的解釋感到滿意了。他被帶往附近一家醫院，住在那兒直到安排好療養院。

南西搭機回來陪伴母親，母女倆每天都去醫院探視菲爾。起初她們對菲爾這麼容易適應病房作息感到很驚訝，但是不久就發現，菲爾根本不知道這是什麼地方。「他會向病房工作人員介紹我們，並且告訴我們，這些人都是他的祕書，醫院則是他所經營的旅館。」通常菲爾能認得珍妮特，但是每一次都必須別人提醒他，那位年輕小姐是他的女兒。一段時間以後，他把珍妮特認作是他的女朋友，再後來就根本不知道她是誰了。

他們在一週後就找到一家很好的療養院，菲爾被送往那裡。幾天後，珍妮特在那兒度過了結婚五十週年紀念日。只是她身畔的人，一會兒知道她為何來陪伴他，一會兒又搞不清楚了。對於自己的心智喪失和帶給家人的悲劇，菲爾是健忘的。

步向終點

以後的兩年半裡，除了孩子們堅持她應當要有一點點休息外，珍妮特幾乎天天去陪伴菲爾。他們可以感受到母親長期下來身心俱疲，會適時地打斷她，要她休息一下。當珍妮特心中憤懣怨懟時，也逃不過孩子們的眼睛。他們不僅了解，也樂意接納。只是她卻沒有那麼容易原諒自己。縱使她盡心盡力照顧他，她的愛侶和摯友卻已經拋下她，讓她獨自陷在可恨的泥淖之中。

珍妮特後來在物理治療部門當義工。有一段短暫的時間，她也會參與對阿茲海默症病患家屬提供支援的小組活動。但是這些支持團體只能提供一些協助，各人還是得肩負自己的重擔。珍妮特很快就發現，每一個失智症患者都以不同的方式為那些愛他的人帶來痛苦，而這些身受其害的人，也各自用自己的方式來支持下去。菲爾的三個孩子知道，他們不可能在所敬愛的父親身旁，目睹他一步步受到疾病摧殘，這未嘗不是好事。他們會為母親支持打氣，給她精神上的鼓舞，使她能擔起這付沉重的擔子。

父親長期住在療養院的日子裡，菲爾最小的兒子喬伊兩度去探望他。只是父親既不認識他，也不記得這件事。探望父親只帶給喬伊更深的痛苦，對菲爾卻毫無幫助。其實他只是幫了母親的忙。珍妮特最需要的，並非來自小組或書本上的協助，而是家人持續不斷的關懷，以及少數摯友們發自愛心的支持。

「使你做得到的，唯有你的心志。」珍妮特的心願，就是為菲爾去做只有她才能做的事，那才是護士、醫生或社工人員都無法取代的，不論菲爾是否認得她。打從某個時候起，菲爾的確不認得她了。雖然菲爾不可能康復，但他心裡一定還潛藏著模糊遙遠的意識，知道她是安全、確定、可以預期的，不像外在環境那麼不能掌握、沒有意義。「他看見我來，會對我招招手。他並不知道我是誰，只知道我是個會來探望他、陪他坐坐的人。」

菲爾的情況還在繼續惡化下去。起初，珍妮特看到這情形，每天都很受震撼。她與菲爾在一起時，要努力去保持心平氣和，雖然不是每次都做得到。「菲爾住療養院的第一年，我有時都快崩潰了。這時，他們會把我帶到一個房間內，一直對我說話，直到我稍微好過一些，能平靜下來為止。但每晚我回到家裡時，都很歇斯底里。」珍妮特慢慢才能適應菲爾的持續惡化，但她發覺，其他關心菲爾的人很難接受他目前的狀況。她希望能保護他，維持他在朋友記憶中的形象——充滿活力、和善親切，不僅十分高雅，還具有一種特殊的個人風格。「我不讓朋友們到療養院來探望他，因為我不希望他們看到他現在的模樣。」

在療養院中，菲爾的病程變化正如書中所說：「進展緩慢，但卻一直無情地惡化下去。」剛開始時，他仍然愛交朋友，親切和善。但他顯然深信自己是療養院的負責人，對全院病患的幸福有責。他會穿戴整齊，以他特有的仁慈殷殷垂詢每一個病人：「今天好嗎？祝你愉快！」有時珍妮特或護士一不留神，他會推著坐輪椅的病友從大門出去散步。他們通常會在附近街道上找到他，正愉快地推著柔順但毫不知情的病友，穿越在川流不息的人車之間。

在菲爾患病的中期，他所要表達的意念和實際說出來的話常常大不相同。雖然有些中風的病人也有這種現象，但他們通常知道自己找不到正確的字來表達。菲爾卻沒有這種自知之明。

珍妮特特別記得，有一次他們走在一起時，他突然對她大叫：「火車要誤點了，快幫幫忙。」珍妮特說她沒有看到火車，他氣憤地反駁：「妳的眼睛長到哪裡去了，妳沒看到嗎？」一面用手指著他鬆掉的鞋帶。突然間，她明白過來，「他要我幫忙繫鞋帶，卻以這種方式表達。他知道要的是什麼，卻找不到正確的字眼。他甚至不明白這一點。」

在療養院待了一陣子後，菲爾的體重開始增加，他原來就微胖的體態這時又多了二十公斤。可是後來他不再吃東西，說得更精確些，是忘了如何咀嚼食物。珍妮特有時必須用手指去掏出他口中的食物，免得他噎到。那時，他也不記得自己的名字。他的咀嚼能力後來又恢復了，但卻再也不知道自己是誰。他不講話的時候，會有短暫的片刻，以昔日的溫柔眼神凝視著珍妮特。有時他會說上幾句，是他們共同生活半個世紀中曾經說過無數次的話。他會用那熟悉的溫柔語調，輕聲說：「我愛妳，妳好美，我愛妳。」每次菲爾呢喃地說完，就又回到另外一個世界去了。如同過去的那些恩愛日子，一去不回。

最後，菲爾與外界的接觸和自我控制都失去了。他開始大小便失禁，自己卻毫不知情。雖然他是完全清醒的，卻對所發生的事一無所知。他的衣服被尿浸溼，有時還混著糞便，必須將衣服脫光，才好清理那些穢物。這斲喪了他僅存的一點人性。「他還是個人，」珍妮特說，「一個過去對外表十分自豪，而且非常高雅，甚至有點太重視禮節的人。我眼睜睜地看著他一絲不掛，助理人員在幫他清洗，他卻一點都不知道怎麼回事……」她不禁淚水盈眶，「這真是使人斯文掃地的毛病，如果他有辦法知道自己現在的狀況，一定不要活了。因為他向來自負，不能忍受這種事。我真慶幸他永遠不會知道，這是誰也無法承受的。」

但是，珍妮特自己還是承擔了下來，而且從未質疑這麼做是否值得。她經常去探望孩子們，也協助分擔其他病患家屬的憂傷。「我們一塊兒坐著，一起哭泣。當我較堅強的時候，就試著幫助別人，在潛意識裡將痛苦遺忘，過去我就是這麼走過來的。」她還發現，阿茲海默症雖然是中老年人的疾病，但在較年輕的時候也可能會發生。在療養院中就有一位四十多歲的病人，只有眼睛會動。

到了疾病末期，菲爾的體重急遽下降。在他生命的最後幾年裡，似乎連臉上的皮膚都皺折下垂。珍妮特必須幫他買新鞋，因為他的腳縮小了兩號。他變得枯乾瘦小，而且非常老邁。這位過去身強體壯、經常穿著剪裁合身的四十八號套裝的人，體重跌到了六十三公斤。

除此之外，菲爾還有一個習慣，就是一直走個不停。這個習慣持續到他的最後一刻。他會整天無法克制地一直走，一直走。病房人員通常都由著他，而珍妮特則要很努力才能跟上他的快速步伐，她常常一下子就累得撐不下去了，但菲爾還繼續走著，等到他只剩下站著的力氣時，還是勉強繞著病房來來回回。直到力氣用盡，無以為繼了，他還踉踉蹌蹌地走。最後珍妮特與護士抓住他的雙肩，把他按到椅子上時，他已經喘得再也走不動了。

一坐下來，他就倒向一邊，因為他連坐正的力氣都沒有了。護士得把他固定在椅子上，以防他跌到地上。到了這個地步，他的腳還是停不下來。他坐在那兒，繫著腰帶，一邊喘氣，一邊雙腳還像快速前進般原地踏步，對身旁的世界渾然不覺。他彷彿受到驅使，去追尋一個永遠失落了的東西。也可能事情並不是這樣。或許在他內心深處，知道阿茲海默症最終的結局正等在前面，他只好拚命逃開。

到了他生命的最後幾個月，每天晚上，菲爾必須被固定在床上，以免他半夜爬起來繼續走路。罹病六年之後，一九九〇年一月二十九日的晚上，當他喘著大氣、快速而強迫性地前進時，不慎被椅子絆倒，跌在地上，脈搏停止。救護人員在幾分鐘內就趕到，為他施行心肺復甦術，但是沒有效果。他們迅速將他送往緊鄰的醫院。在那裡，急診室的大夫宣布他死於心臟纖維顫動所引發的心跳停止。他們打電話告訴珍妮特。珍妮特離開還不到十分鐘，菲爾就開始了他最後一次行進，步向死亡。

我對菲爾的過世感到高興。我知道這句話聽起來多麼可怕，但我真的很高興他終於解脫了。我知道他並沒有因這疾病受苦，也不知道發生在他身上的事。這是有福的，我為此感謝，唯有靠著這個意念，才能支撐我度過那些歲月，但親眼見到我所深愛的人變成這個樣子，還是使我痛心疾首。菲爾死後，我到醫院，他們問我要不要看他的遺體，我拒絕了。陪同我去的朋友是虔誠的天主教徒，她對此無法理解。但我就是不想見到他已死的面容。你要知道，這並不是為我，而是為了他的緣故。

菲爾所受的摧殘終於結束了。雖然他不幸發生大腦萎縮，使家人心碎。但他的家人至少沒有見到他像其他病友那樣逐步衰退凋零到最後的景象。有不少病人到了疾病後期，會變得完全無法溝通，甚至一動也不動。身體因為僵硬變得怪模怪樣，有時突然倒下就死了。常常病人在過世前，會有很長一段時間需要隨時隨地的看護，這往往是大部分家庭無法克服的難題。因為患者的行為會變得難以捉摸，必須時刻提防他們到處漫遊或破壞。儘管提高警覺，還是有可能會出狀況。這時至少病人身邊要有人能及時處理。這就可以看出《三十六小時的一天》的作者為什麼取這書名了。看護人只要稍有鬆懈，就有可能造成患者或其他人身體上的傷害，或使鄰居間發生衝突，迫使家人在還沒有準備好前就早早採取行動。這些意外會使力量分散、耐心耗盡，就連最堅強的丈夫或妻子都很快就會負荷不了。即使是例行的看護工作，也會像薛西佛斯的巨石，不斷向技巧最好、最樂意服侍的看護者挑戰，要他們盡最大的努力。

像植物的人

對於我們生命中關係最密切的人，要找到能完全信賴的人來照顧，其實不是件容易的事。

這牽涉到許多原因，其中最重要的單一因素，可能是一項統計數字所透露出來的殘酷事實：阿茲海默症患者，占六十五歲以上老年人口的一一%，目前全美包含六十五歲以下的患者約有四百萬人。而這個疾病的可能患者將持續增加，到了西元二〇三〇年，六十五歲以上的美國人口將達六千萬人以上。現在每年直接或間接花在失智症的經費已經高達四百多億美元（其中大部分是用在阿茲海默症患者身上），由此可看出問題的嚴重性。因此，當家屬焦慮地想盡全力照顧患者，卻發現自己屢遭挫折、得不到協助，就不足為奇了。

在美國，還好有一些長期照顧病患的療養院設施，像珍妮特所找到的那一種，雖然數量上還是不夠。另外還有一些短期計畫提供病患短期住院，使筋疲力盡的家人有幾天或幾週喘息的機會。除此之外，也有一些收容之家。儘管家屬非常不樂意，但往往只有在病患長期住院後，家屬才能重獲安寧。

隨著時間流逝，病人會變得完全需要依賴別人的照顧。若不是死於中風或心肌梗塞等併發症，則有可能最後會成為植物人。「植物人」這個名詞聽起來很沒有人味，但卻很傳神。這時，大腦所有的高級功能都已喪失。有時甚至在成為植物人之前，患者就已經不會咀嚼，也不會走路，甚至連吞下自己的唾液也不會了。這時如果勉強餵食，很容易造成病人一陣陣的咳嗽，甚至窒息。碰到這種情形，照顧的人往往會很驚訝，甚至不知所措。這時家屬會面臨一項困難的抉擇，就是是否要給病人插上餵食管，並且採取積極的醫療措施，儘量延長病人的生命，還是讓疾病順其自然地發展下去？對病患來說，疾病的自然發展就像豺狼一般，但在某些情況下，它也許像朋友。

如果家屬決定不插餵食管，飢餓而死對沒有意識或失去知覺的病患來說，可能比見到他癱瘓或營養不良產生併發症更能接受。即使對末期病人插管，並且小心翼翼地餵食，還是無法避免併發症產生。因為大小便失禁，不能行動，加上血蛋白過低等因素，都容易造成褥瘡。而褥瘡可能越來越深，露出肌肉、肌腱，有時甚至深及骨骼，上面覆蓋著氣味難聞的壞死組織和膿液，看起來慘不忍睹。親友目睹此情此景，唯有知道患者此時已經毫無知覺，心理上才會好過一些。

小便失禁、癱瘓臥床和插管導尿，常常會引發泌尿道感染；意識不清或不會吞嚥唾液，容易把東西吸入肺部，使肺炎的機會大增。這時，家屬會再一次面臨難以抉擇的困境。這不僅牽涉到個人的良心，還包括宗教信仰、社會常規和醫學倫理的問題。有時候，對病人最好的情況並非由我們來決定，而是讓冷酷的老天來決定。

到了這個地步，病程可能會發展得非常快速。絕大部分的阿茲海默症患者成為植物人後，會死於某一種感染。不是來自泌尿道或肺部，就是來自臭氣四溢、滿布細菌的褥瘡。如果發燒持續不退，就有可能產生敗血症，大量細菌進入血液中，病人很快就發生休克、心律不整、血液凝固異常、肝腎衰竭，乃至死亡。

一路走來，家屬們會感到矛盾、絕望，並有強烈的危機感。他們對目前的狀況和將來的發展都感到害怕。不論怎麼提醒，許多人還是堅信他們的親友是有意識地受苦。這實在是很難改變的觀念。如果患者曾對自己的生死預立遺囑，或有能夠代表他意願的律師，就可作為進一步抉擇的依據。可惜類似的法律文件常常付之闕如。憂傷的妻子、丈夫或孩子面對家庭問題已經心力交瘁，在需要抉擇的時候更會陷入矛盾掙扎之中，彷彿在茫茫大海上漂流。每一個抉擇都會因過去所做的決定而益形複雜、困難。

阿茲海默症很像是一場考驗人類心靈的巨變。珍妮特所表現出的崇高、忠誠，並不是個例外。她其實或多或少代表了一般的常態。協助病患、家屬的專業人員發現，家屬們往往會毫不猶豫地扛起照顧病患的重擔。當然，這個代價很大，包括情緒受創、個人的目標與職責被忽略、親人關係受損、經濟來源困難等。很少悲劇需要付出如此昂貴的代價。

阿茲海默症患者的家屬，往往像從生命的陽光大道中被迫脫軌，連續好幾年陷在痛苦的窮途死巷之中。唯有當他們所愛的人逝世，才得以解脫。即使那一刻到來，過去的記憶和影響仍會持續下去，使他們只能得到部分的解脫。縱使患者過去曾擁有豐富美好的生命，與家人共享過歡樂、成就，但最後幾年的情況就足以使他蒙上汙點，別人會像透過有色眼鏡來看待他，家人也永遠無法像從前那麼開朗正面。

給一個名字

幾乎世界上所有的文化都試圖給魔鬼一個名稱，以減輕對它的恐懼。有時候，我會對那些醫學上的先驅感到好奇，他們致力於認識疾病、加以分類，背後真正的動機（也許屬於文化中的潛意識），與其說是為了了解它，不如說是要大膽地對抗它。我們若能對一件事貼上標籤，就顯得比較容易應付它，好像能讓這惡獸安靜坐下來一會兒，我們才有機會馴服牠。那原本充滿野性、不受轄制的恐怖傢伙，也才能夠略受控制。當我們能夠給疾病一個名稱，就使它變得文明些，使它遵守我們的遊戲規則。

要整合力量對抗疾病的第一步，就是要能診斷出來它是哪一種病症。現在的社會中，不僅科學界像軍隊般組織起來，同時還包括了病患、家屬和非專業的義工團體。從二十世紀中期開始，就有一些病患和家屬組成的團體，彼此分擔困難，甚至分擔經費。這些組織包括全國癱瘓嬰兒基金、美國癌症協會、美國糖尿病協會等。患者和家屬從此不再孤軍奮鬥。

至於阿茲海默症，則很少是患者自己感覺到在痛苦歷程中需要伴侶。目前的社會有許多支援性團體協助與病人密切相關的親友度過難關，不致在情緒上瀕於崩潰。全美大約有二百多個分會及一千多個支援性團體隸屬「阿茲海默症及相關疾病協會」（Alzheimer Disease and Related Disorder Association），其他國家也有類似的組織。這些組織不僅對病患和家屬提供協助，也資助研究和改善臨床醫療的經費。有同伴在一起就能產生力量。即使只有一兩位彼此了解的同伴，單單傾訴，就可以減輕不少痛苦。

阿茲海默症所帶來的痛苦，包括許多方面。其中有一些很難面對，除非有人聆聽，並且能夠了解同情。在疾病的重重壓力下，有誰能夠不厭惡甚至不憎恨這個負擔？當完整的生命大部分變成殘障，誰能不受影響？眼見自己最親愛的伴侶被摧殘得不可理喻、日漸退化，好像變了一個人，誰還能夠克制得住？

這個惡疾不僅打擊病人本身，同時會波及與病人息息相關的人，這是每個家屬都要有的心理準備。但沒有哪一種幫助能使人從困境中解脫出來。它只能幫助人忍受苦難，並且從折磨中稍獲喘息。要知道，每一個家屬都會感到憤怒和沮喪，我們唯有以體諒的耳朵來傾聽，以同情的心靈來分擔，才能夠挪走孤寂，減輕不當的罪惡感與自責。因為這些感受會使人被絕望所淹沒。阿茲海默症就是要以絕望的洪流在精神上征服每一個受其影響的人。

要結束單打獨鬥，就要給病人所表現出來的這些症狀一個共同的病名，這樣家屬與其他成千上萬同病相憐的人，才能站在同一陣線，一起奮戰。一百年前，這個疾病還沒有名稱。雖然這些相關的現象已經被觀察、描述了幾世紀之久，但一直被籠統地視作一種老化現象。

這個疾病的正式名稱是「阿茲海默型失智症」（Dementia of the Alzheimer type）。在美國，每年新診斷出的病例就有數十萬人，占了六十五歲以上失智患者的五〇%至六〇%。也有許多人在中年罹患。美國精神醫學會對這個疾病的描述是，剛開始是慢慢出現症狀，「病程會進展下去，逐步惡化。必須藉著病史、身體檢查和實驗室檢驗來排除其他可能的病因。患者會喪失多方面的智能，包括記憶、判斷力、抽象思考及其他大腦皮質的高級功能，並會導致人格及行為變化。」

對失智症的定義則為「智能喪失，足以影響社會及生活能力」。在這寥寥數語背後，是好幾世紀的不確定與疑惑。

無愛無欲無喜無悲

西方文明數千年的文獻和歷史紀錄中都有現在我們稱為老年失智症的參考資料，甚至有相關病症的法律判決。自古以來，醫學書籍上就描述過老年失智症。醫生們後來才漸漸發現，比較年輕的人也和老年人一樣，會出現漸進式的判斷力與記憶力衰退，以及廣泛的智能受損。直到西元一八〇一年，失智症才成為一個醫學名詞，是菲立普．皮內爾醫師（Philippe Pinel）首先使用。他當時是巴黎沙普提耶（Le Salpêtrière）醫院的資深醫師。這間醫院當時有數千名患有慢性絕症的女性病患，同時還有數百名精神失常患者。皮內爾被稱作現代精神醫療之父，他主要的貢獻是對精神病症的精確描述及分類，同時將慈悲帶入精神病患收容所。在那個時代，有許多病患在收容所中是被鐵鍊鎖住；在他以前，精神病患未曾受到人道的待遇，他稱呼自己的新原則為「以人道精神來治療精神病患」。

皮內爾將他對精神疾病的許多觀點，綜合整理成一本書《論精神錯亂》（*Traité médico-philosophique sur l'aliénation mentale*）。一八〇一年出版後，已成為精神醫學年鑑的經典之一。在這本書中，他描述了一種特別的精神病症狀，將它稱作「失智症」，對它的定義是心智機能失去連貫性。在「失智症的特殊表徵」這一短短的段落中，皮內爾描繪出一組症狀，使照顧病患的人能立即辨識出這個疾病，也就是今日所稱的阿茲海默症：

> 許多不相關的意念會快速而不間斷地交替，情緒反應越來越淡而且不相連貫（情緒的轉換互不相關，與外界的真實事件也沒什麼關聯），反覆發生不可理喻的行為，對剛發生過的事完全不復記憶，對外在環境的感受力降低，判斷力喪失，動作停不下來。

皮內爾所描述的，幾乎就是菲爾的症狀，「不連貫」和「不相關」這兩個詞形容得更是貼切，與現代對這個疾病的基本認識相當一致，亦即腦細胞間的連繫網路出了問題，以及傳遞訊息的化學物質失調。醫學界直到皮內爾才有辦法分辨出失智症與一般所見的老化現象有所不同。

許多醫師認為，臨床上見到病人言語不連貫，是失智症的顯著徵候。英國布里斯都醫院（Bristol Infirmary）資深醫師詹姆士・普立查德（James Prichard）在一八三五年出版的《論精神錯亂》（*A Treatise on Insanity*）中指出，疾病的進展過程可分為幾個階段，他稱作「喪失連貫性的數個階段」，一共分為四個：記憶力減退、失去理性、理解力喪失，最後是喪失本能和自發性行為。至今，這些觀察對評估病人惡化的程度仍十分有用。現代醫學著作也將這個疾病分成不同時期，與普立查德的分法類似。

艾斯克羅（Jean Etienne Dominique Esquirol）是皮內爾的學生及繼承人。他畢業於一所位於蒙特皮耶（Montpellier）、有千年歷史的醫學院。一八三八年，艾斯克羅出版的著作《精神病症》（*Des Maladies mentales*）中，提出對失智症的觀察，到現在仍然管用。只要研讀這本書，幾乎就可以熟知整個臨床過程。艾斯克羅這樣描述他的病人：

> 他們沒有欲望，也沒有憎惡；沒有憤怒，也沒有慈愛。他們對過去最珍愛的事物，全然無動於衷。親友相見不會帶給他們快樂，分離也不會感到遺憾。他們被剝奪時覺得不太舒服，獲得時也只顯出一點點快樂。周遭沒有什麼事能引起他們的興致，生命中所發生的事也都顯得微不足道。他們對過去已經不復記憶，遑論對將來的盼望。他們對任何事情都顯得漠不關心，也沒有什麼能影響他們。雖然他們非常易怒，但就像那些身體虛弱或心智功能障礙的人一樣，他

們的憤怒都很短暫。

幾乎所有失智症患者都有某種「荒謬的習慣或激情」。有些人不停地走來走去，好像在尋找一樣永遠失落的東西，另外有些人的步伐緩慢，步履艱難；還有些人則經年累月坐在同一個地方，或坐在床上，或四肢攤開躺在地上；也有人不停地寫字，但只是一個字接一個字，中間沒什麼連貫。

除了理解力減退，病人還會有其他症狀如臉色蒼白、目光呆滯、淚水漣漣、瞳孔放大、面色游移、面無表情等。他們的身體瘦弱憔悴，剩下皮包骨，或是異常肥胖……，若不幸發生癱瘓，許多癱瘓的併發症又會接踵而至。剛開始是關節障礙，緊接著活動困難，手臂一動就痛……。失智症的病患既不會想像，也不會思考，他只剩下一點點，甚或沒有什麼意念。他既不希望什麼，也不決定什麼，只是降服。這時候他的大腦是很虛弱的。

通常艾斯克羅的病人過世後，他都會施行解剖，就像法國當時那些偉大的醫學教授一樣。只是在那個時代，顯微鏡還不夠精確，他只能憑藉肉眼來觀察，但他還是有重大的發現：

大腦迴萎縮，彼此分開，而且變淺變平，像被壓縮變小，尤其在額腦部分更是明顯。腦迴的突起常有一兩個被壓平、萎縮，甚至破壞殆盡，留下的空處則充滿血清。

艾斯克羅以阿茲海默症患者腦部的萎縮來解釋智能的萎縮。以後的研究者多次證實了他的觀點，至於以顯微鏡來做病理分析，則有賴阿茲海默了。

阿茲海默

艾斯克羅和阿茲海默的貢獻相隔了七十年。在這些年間，醫學界有長足的進步，其中最重要的就是高解像顯微鏡的發明。新的光學技術使德國醫學院的科學家在十九世紀下半和二十世紀的最初十年間有許多偉大的發現。阿茲海默對失智症的研究，就是繼承了德國以顯微鏡觀察事物細節的傳統。

阿茲海默最初是位對神經精神疾病有興趣的臨床醫生，同時受過良好的實驗方法訓練。他在成為老年失智症的臨床權威後，漸漸又以顯微病理學的研究出名。一九〇二年，他受愛彌兒．克瑞普林（Emil Kraepelin）之邀，到海德堡大學工作。克瑞普林是實驗精神醫學的先驅。第二年，克瑞普林被慕尼黑大學請去主持一個新的臨床和研究機構，他帶了三十九歲的阿茲海默同去。阿茲海默運用新發展出來的組織染色技術，發現了梅毒、亨丁頓舞蹈症（Huntington chorea）、動脈硬化和老化的細胞構造變化。阿茲海默的最大特色可能是他結合了臨床經驗與病理變化，使患者生前的症狀與死後的顯微病理結果能連繫起來。這兩者間的關聯性，正是疾病生理學探討病因與結果的基礎。

一九〇七年，阿茲海默發表了一篇論文，題目是〈大腦皮質的一種特殊疾病〉。其中報告了一位女性病例，她於一九〇一年十一月住進精神病院。這是這個疾病第一次被視作單獨的病症來研究，後來更以他的名字來命名。除了文字較為生硬，很像艾斯克羅的論文；除了沒有為喪失連貫性分期，也很像普立查德的著作。

阿茲海默所報告的是一位五十一歲的婦人。她表現出一連串的症狀，如嫉妒、健忘、妄想、失去理性、理解力喪失、昏迷。「經過四年半之後，不治死亡。到最後，病人已經完全陷入昏迷。她躺在床上，雙腿壓在身下。即使非常小心照顧，她還是得了褥瘡。」

阿茲海默報告這個病例的目的，並不只是為了描述她的病程經過。比皮內爾和艾斯克羅更早之前的醫生，早已經非常熟悉這類病人。而這兩位法國醫生是最早將這種疾病獨立出來，歸類於另一個新的病名「失智症」。事實上，在阿茲海默以前，甚至早在一八六八年，早發性失智（presenile dementia）就已經被用來稱呼一些中年得病的病患。阿茲海默並不只是要描述另一個失智症的病例，也不在說明這個病人的大腦皮質發生肉眼明顯可見的萎縮。一九〇七年這篇論文的主要目的，是要說明當他對病患腦部做很薄的切片，並且加以特殊染色後，在顯微鏡下檢視的結果。

阿茲海默發現，病患的大腦皮質中，許多細胞含有一至數根頭髮狀的纖維，或形成束狀，染色較深。到了晚期，細胞核、甚至整個細胞都被破壞掉，只剩下染色較濃的纖維束。阿茲海默認為，這些纖維會吸收一些染色物質，與正常細胞不同，證明有一些異常的代謝產出堆積在細胞中，造成細胞死亡。在這個病例中，大約四分之一至三分之一的皮質細胞含有這種纖維，或整個細胞消失不見。

除了細胞被破壞，阿茲海默還發現，在顯微鏡下，有許多一叢叢或一塊塊的東西散布在皮質中，無法被染色。這些東西在幾年後被證實是由退化的軸突所形成。軸突是神經細胞的突起，傳遞訊息給其他的神經細胞。這些退化的軸突圍繞著一個核心，這個核心是由β—類澱粉（beta-amyloid）所形成。如果要使用顯微鏡來診斷阿茲海默症，必要條件就是要能找到老年斑塊（senile plaques）和纖維束（fibrillary tangles）。

目前已經證實，並非只有阿茲海默症才會出現類似澱粉斑塊或神經纖維束。有許多大腦的慢性疾病也會出現其中一種變化，或兩種都有。甚至在正常的老化過程中也會出現這些變化，只是數量上少得多。如果能找到這些斑塊和纖維束的來源，我們對大腦老化過程的了解就能向前邁進一大步。

阿茲海默聰明地指認出：「我們所面對的是一個特殊的疾病。」他的老師克瑞普林則更進一步在一九一〇年第八版的教科書中，將這個疾病命名為「阿茲海默症」。阿茲海默所報告的這個病例年紀較輕，但克瑞普林似乎不太確定這一點的重要性，因為這個女病患的病史與過去歸為老年失智症的病例太相似。他寫道：「阿茲海默症的臨床意義還不明確。雖然解剖上的發現，顯示這是老年失智症中特別嚴重的情況，但有時並不盡然發生在老年。這種疾病可能發生於五十幾歲、快要六十歲的人。如果不確定疾病本身與年齡的關係，或者這樣的病例可稱作是早發性老化（senium praecox）。」這位精神病泰斗不明確的態度，影響了後來的作者。他們注意到克瑞普林所用的字眼「早發性老化」，卻忽略了他的建議：「疾病本身與年齡並無確定關係。」也許是因為這個誤解，半個多世紀以來，醫學界一直將阿茲海默症視為「早老性失智症」。

在阿茲海默論文發表後的幾年內，陸續有其他研究者提出類似的病例報告。在這些個案中，臨床病程都與阿茲海默最初報告的婦人很相似，而病理解剖則看到廣泛的大腦萎縮。若影響到整個腦部時，是以皮質部分最為顯著。在顯微鏡下，可看到為數眾多的老年斑塊和神經纖維束。到一九一一年為止，總共增加了十二篇這類報告。

在這些病例中，有些相當年輕。後來的解剖報告則顯示，在任何年齡和不同病史的患者，都可找到老年斑塊與神經纖維束。但年輕的病例通常較受關注。到一九二九年為止，有四例病患小於四十歲，其中有一位甚至在七歲就開始出現病徵。但問題在於這些病例報告常具有選擇性——醫生們通常選擇罕見病例來報告，而不是普通病例。特別在一些無法強制做病理解剖的國家（這種情況占了大多數），常常是針對會令人感興趣的病例做報告。有什麼比年輕人得到一種老年病症更引起人的興趣？因此，到一九二〇年代後期，全世界醫學文獻中，阿茲海默症的病例報告大多集中在較為年輕的四十至六十歲這個階段。

雖然有些臨床醫師注意到阿茲海默症的年齡範圍模糊不清，但有數十年之久，這個症候群都被稱為阿茲海默早老型失智症。一九五〇年代我作為醫學生的時候，在課本上第一次讀到的也是這個名稱。

「阿茲海默早老型失智症」被更名為較精確的「阿茲海默型老年失智症」的過程，是二十世紀後期生物醫學文化進步的例證，這是科學界、政府組織和所謂的「當事者主張」（consumer advocacy）共同的成果。在阿茲海默最初的研究工作之後六十年，累積的證據逐步顯示出，將這個疾病分為老年型和早老型沒什麼意義。因為二者在顯微鏡下的病理變化是相同的。在一九七〇年所舉行的阿茲海默症及其相關疾病會議中，這一點終於落槌定案。醫學界自此也達成共識，硬要區分這二者不只是錯誤的，還會產生誤導。

這個轉變最顯著的成果，是將廣大的老年病患也納入這個診斷之下。對這個病症的研究興趣一經萌芽，科學家們便開始大聲疾呼，籌措更多的經費，並且向政府尋求資助。在美國，促成了國家健康研究院（National Institutes of Health）的參與，以及一些有政治影響力的年長者支持。同時還成立了國家高齡協會（National Institute on Aging）。為了促進科學家、國家高齡協會和看護者之間的協調統合，也組織了「阿茲海默症及其相關疾病協會」。在我的學生時代，阿茲海默症只不過是個罕見的疾病，挑燈夜讀時它也只是微不足道的課題，如今卻成為世界衛生組織統計的重要死因之一。在各方奔走之下，一九八九年美國對阿茲海默症的研究預算比十年前大約增加了八百倍之多。

走過黑暗的幽谷

在過去的十五年間，雖然在照顧病患和協助看護者方面有顯著的進步，但在疾病的生物醫學方面如病因、治療和預防等等，卻沒有重大突破。到現在為止，科學家還無法找到真正的病因、治癒的方法及預防的途徑。

雖然有些人認為，阿茲海默症可能有遺傳傾向。但是在年長的病患這點毫無根據，在較年輕的患者這點也缺乏有力的證據。至於對一些外在因素的研究，如鋁、環境因素、病毒、頭部外傷、感覺刺激太少等，有時呈現有意義的相關性，有時則否。正如其他原因不明的疾病，免疫系統的變化也被研究過，但是沒有確定的結果。甚至連到處被懷疑的惡棍——香菸，都曾經被人探討過。未來研究很可能會證實，阿茲海默症的退化過程由許多不同的因素所導致。

最近醫學界發現，患者會出現一些物理和生化方面的變化，但是它們真正的角色還不清楚。例如病患的大腦皮質切片中，乙醯膽鹼的量減少六〇%至七〇%，而乙醯膽鹼是傳遞神經訊息的重要化學物質。事實上，目前對治療方法的研究，很大一部分是集中在研發一種能改善神經傳導缺陷的藥物。

最近有一些研究顯示，乙醯膽鹼也許能調節身體製造類澱粉的量。當乙醯膽鹼值降低時，類澱粉則增加。這個發現也許能說明疾病的化學變化和神經病理間的關係，使我們有機會找到新的治療方法。特別令人鼓舞的是，β－類澱粉據信會對神經細胞產生毒性。目前對這個觀點仍有爭論。如果能被證實，我們便能樂觀地期待有效的治療方法有一天能被發展出來。但是，神經生物學家對於是類澱粉造成神經細胞退化，或是神經細胞遭到破壞後才產生類澱粉沉積，意見仍然分歧。

除了老年斑塊和神經纖維束，顯微鏡下的第三個特徵，就是有些在海馬迴（hippocampus）的細胞中產生空泡（vacuoles），內含許多染色很深的顆粒，目前還不清楚這些顆粒所代表的意義。海馬迴是希臘文「海馬」的意思。古代的醫生用它來稱呼大腦顳葉中一個優雅的彎曲構造，它長長的形態令人聯想起海馬這種神祕的動物。海馬迴主要與記憶儲存有關，其他的功能則仍然成謎。目前沒有人能確定這些空泡和顆粒的重要性。

因此，實驗室中仍然困惑的科學家們始終努力不懈。你很難相信，曾經投注過這麼龐大的研究，也詳細驗證過許多新發現，但是目前所獲致的成果，卻還不足以匯集成重大的突破。這些點點滴滴的成就，還不像一個序曲，能揭開新的樂章。事實上，在二十世紀的後期，科學的進展大都如此，而沒有什麼大躍進式的突破。

現在，醫生可以正確診斷約八五%的病例，而毋需使用腦部切片的方法。早期診斷最重要的目的，是因為有些可治療的疾病也會表現出失智症的症狀，造成混淆和悲劇。這些疾病包括憂鬱症、藥物作用、貧血、良性腦腫瘤、甲狀腺功能過低，以及一些可治療的外傷，如腦部受到血塊壓迫。

阿茲海默症是個無情的診斷，也許可以藉著良好的護理、支援團體的協助和親友間的親密關係使痛苦減輕，但是最終還是需要患者和相愛的人一起走過這個黑暗幽谷。一路上，彷彿所有的事都永遠改變了，及至死亡的時候，也沒有尊嚴，受害者的人性被疾病任意、公然地侮辱。如果其中還有什麼智慧，那便在於認識到人類的愛與忠誠不僅能超越身體功能的衰退，還能超越長期悲傷歲月中心靈的疲乏困倦。

Chapter 6

Murder and Serenity

謀殺與安寧

希波克拉提斯常被引用的格言中，有一句話說得最簡單明瞭，就是：「人類是專性需氣生物。」這句話中蘊含著人類生命的奧祕。遠在原始部落產生治療師以前，人們就已經知道，人類與所有已知的陸上生物都需要空氣。儘管現代分子研究的技術越來越精密，文獻上的用語越來越深奧，知識的循環總是回到起點：人必須仰賴空氣維生。

在十八世紀末期，科學家發現，維繫生命的關鍵是氧氣而非全部的空氣。「人類是專性需氣生物」的觀念更進一步被確定為：沒有氧氣，細胞就活不了，我們也隨之死亡。這其中別無選擇。當血液流經肺臟，吸收氧氣，立刻由死氣沉沉的暗紅轉為生氣勃勃的鮮紅色；當它經過漫長的旅程，將氧氣帶給身體遠端的組織後，又耗盡成為藍色，象徵著對新鮮空氣的渴望。歷世歷代有成千上萬的科學家致力於研究這自然界中最重要的元素，並且留下文字紀錄。幾乎在世界各種文字中都可以找到這樣的記載。氧氣彷彿是透鏡下的焦點，引導我們來探索生命的奧祕。

人類天生就知道要呼吸空氣才能生存下去。經過多少年的研究，人類生物學家還是回到這寥寥數字的結論：「人類是專性需氣生物。」過去兩百年來，有許多這方面的著作，其中也有很多是關於這句至理名言的變形。我在近期的《美國大學外科學報》（*Bulletin of the American College of Surgeons*）一篇〈一九九二年外科學最新發展〉中，又看到了這句話。這並非拾人牙慧，而是經過實驗證明，屬於分子層次的論述。這句名言出自學報中高科技類的文章，討論危急救護的最新發展。危急救護是醫學中一門新興的專科，為要搶救氣若游絲的重症患，他們正在戰場上與疾病的猛烈攻勢做殊死戰。

這個新興專科的地盤就是加護病房。它最重要的防禦策略就是要為受到圍攻的細胞提供足夠的氧氣。我們穴居的老祖宗一定也會同意這一點。已故的海派恩曾主持病理解剖室，試圖從這些敗陣下來的病人身上尋找到「成千上萬通向死亡的門徑」。但他得到的常常只是一個相同的結論：氧氣不夠。

救命四分鐘

氧氣被吸入後，會經由一個直接的路徑，抵達它最終的目的地，就是專性需氣的細胞。當它穿過很薄的肺泡細胞壁，進入微血管後，就與紅血球中的一種色素蛋白質——血紅素——結合。帶有氧氣的血紅素稱作氧合血紅素。它從肺腑進入左心，再經由主動脈通到動脈循環中的各個高速公路和羊腸小徑，直到抵達各組織中的微血管。這趟長途旅程的目的，就是要維繫身體各組織的生存。

到達後，氧氣就與它的旅行伴侶——血紅素——分開。好像火車到站後下車的乘客般離開紅血球，而與其他生化物質一起進入組織細胞，共同來維持細胞的正常功能。血紅素則將氧氣與二氧化碳交換，同時，血液也將細胞所產生的廢物運走，運送到神奇複雜的淨化器官如肝臟、腎臟和肺臟中去清除乾淨。

一個好的傳送系統必須有穩定的運輸流量，以人體系統來說就是血流量。當血流量降低，不能維持組織的需要時，就會發生休克。造成休克的機轉有許多，其中最重要的原因是左心衰竭（如心肌梗塞），稱作心因性休克；或是血流量大幅減低（如大出血），稱作低血量休克。另一個常見的原因是敗血症，也就是感染性物質進入血液中，造成敗血性休克。我們後面會再提到，敗血性休克對細胞功能將產生很大的影響，其中一個重要的因素就是造成血液重新分布。大量血液蓄積到散布的靜脈網路中如腸道系統，使其他器官得不到正常的供血。不論什麼原因造成休克，結果都一樣，就是細胞得不到氧氣供應與物質交換，終於導致死亡。

發生休克的時間長短影響到細胞是否死亡，有多少細胞死亡更決定了病人是否能存活。所以，若休克持續太久，便會致命。當然，究竟要多久才會致命，常常是相對的。血液循環不足的嚴重度具有決定性的影響。當心跳停止，完全沒有血流量時，只消幾分鐘就足以要人命。如果血流量只比基本需要少一點點，就要更長的時間才會致命。此外，不同的組織因為需氧量不同，所受的影響也不同。例如：腦部對氧氣與葡萄糖的缺乏特別敏感，也最容易受到傷害。日前，腦部功能是法律上界定生死的依據。對那些腦部血液循環不足的人來說，生命與死亡之間常常只有狹窄的間隔。暴力傷害致死的原因，往往就是阻斷了腦部的氧氣輸送。

儘管目前的法律以腦死來界定死亡，但臨床醫師長久以來診斷死亡的方法仍然十分有用。當心跳停止，血液循環隨即終止，接著呼吸也停止，大腦會喪失功能。從心跳停止到還有可能起死回生的短短瞬間，稱做「臨床死亡」（clinical death）。如果突然發生心跳停止或大量出血，會有一段很短的時間，細胞尚未完全喪失存活能力。這段時間通常不超過四分鐘。這時如果立即施以心肺復甦術或緊急輸血，還有可能挽救這個看來已經死亡的人，就像我們常常在書本上或螢光幕上所看到的戲劇性畫面。這種急救措施雖然常常失敗，但只要在某些情況下還能奏效，就值得提倡。那些經過臨床死亡還能被救回來的人，往往擁有最健全的器官，並且沒有像末期癌症、嚴重動脈硬化或失智症之類的病症；這樣他們才有可能生存下來，並且還可能對社會大有貢獻。因此，每個人只要願意，都應該學習心肺復甦術。

瀕死巨痛

臨床死亡前（或它最初的徵兆出現前），有一個極短的瞬間，稱作巨痛期（agonal phase）。臨床醫師用「巨痛」這個字眼來形容生命要自原生質中分離開來、再也不能繼續生存下去時，他們所見到的景況。「巨痛」這個字的希臘字源是「agon」，意思是「掙扎」。我們常以為有一種瀕死的掙扎，其實病人根本感覺不到。他們的表情往往只是由於最後血液酸化造成的肌肉痙攣而已。臨床上的巨痛期可能會發生在任何一種形式的死亡，包括驟然逝世，或像癌症病患一樣，經過長期臥病才走向生命的終點。

瀕死的痛苦掙扎，看來好像是我們在最原始的無意識狀態下，憤怒地抗拒靈魂的急速遠去。儘管歷經好幾個月的病痛，軀體仍不願意與靈塊分離。緊接在巨痛期後的，就是最後的安息。有些人是呼吸停止，有些人則喘幾口大氣。也有少數的情況會像麥卡提先生，咽喉肌肉突然劇烈收縮，發出恐怖的叫聲。有時我們會看到患者的胸膛或肩膀顫動幾下，全身也可能會有短暫的抽搐。巨痛期後是臨床死亡，接著便進入永恆的安息。

一個剛失去生命的面容與昏迷的景象大不相同。一旦心臟停止跳動，人的臉色在一分鐘之內就會變成死氣沉沉的慘白，不可思議地轉變成遺體的樣子，即使從未看過遺體的人也能分辨出來。看起來遺體好像失去了人的本質，事實也的確如此。他是那麼鬆軟無力，不再被希臘人所說的「生氣」（pneuma）所充滿。那蓬勃飽滿的氣息沒有了，他已行完最後的旅程。數小時之內，人的遺體就會縮小到幾乎只有原來的一半大小。里普辛納曾噘起嘴脣一再吐氣，模仿氣息已盡的情景。難怪我們稱死亡為「氣絕」。

臨床死亡與真正的死亡看起來不太一樣。我們只要對心跳停止或大出血的病人觀察幾秒鐘，就可以判斷是否需要急救。如果還不確定，可以看看病人的眼睛。它們最初還有光彩，只是好像視而不見。如果沒有立即施行急救，四、五分鐘內眼睛就會變得黯淡無光、目光呆滯、瞳孔放大，終於永遠失去了其中的光芒。很快地，灰色的薄幕籠罩住雙眼，使人再也看不透裡面的靈魂已然遠去，眼球很快深陷下去，不再飽滿，也不再復甦。

要知道患者還有沒有血液循環，就要摸摸看脈搏。我們可以將手指放在患者的頸部或腹股溝，如果感覺不到其下的脈搏跳動，就可以確定血液循環已經終止。這時，肌肉若不是發生痙攣，就是會顯得十分鬆軟無力，好像砧板上的肉。皮膚會失去彈性，原來的自然光澤也消失了。到了這個地步，生命已經結束，再多的心肺復甦也無濟於事。

在法律上要判定死亡，必須有足夠的證據顯示腦部已永久失去功能。目前在加護病房與外傷中心所使用的腦死定義非常嚴謹，包括所有的反射動作消失、對外界的強力刺激失去反應、腦電波持續一段時間呈現平坦直線。假設這些條件都吻合（例如頭部外傷或大範圍的腦中風造成腦死），才可以在心跳還未停止的情況下，拿掉所有維生的機器。心跳與循環將很快地隨之終止。

一旦循環終止，細胞自然會逐漸死亡。最早是中樞神經組織，最後才是肌肉和纖維這些結締組織。死亡幾小時後，電刺激仍有可能造成肌肉收縮。因為有少數不需要氧氣的有機變化（稱作「無氧反應」），仍可在死後數小時繼續進行。肝細胞分解酒精就是一個例子。有一個流傳很廣的說法，是頭髮和指甲在死後仍會繼續生長一段時間，其實這是無稽之談。

大部分的情況是心跳先停止，腦部才喪失功能。除了頭部外傷，其他外傷所造成的突然死亡大都是因為急遽失血超過身體所能負荷，終於引發心跳停止。外科醫生稱此為嚴重失血。這種情形常發生在大血管破裂，或含有豐富血液的器官受創，如脾臟、肝臟、肺臟，有時甚至是心臟破裂。

一個人如果在短時間內失去三分之一至三分之二的血量，就有可能造成心跳停止。全身的血量大約是體重的七至八%。因此一個七十幾公斤的男性若突然失血三・七公升，或是六十公斤的女性失血二・八公升，都足以致命。如果是主動脈大小的血管發生撕裂傷，不到一分鐘就會要命。但是脾臟或肝臟有裂傷，可能要幾個小時甚至幾天才會有生命危險。當然，這些器官持續滲血而不被發現的情形很少見。

剛開始失血時，血壓會降低，心跳也會加快，這是由於心輸出量減少，心臟只好加速跳動來維持循環的血量。一旦身體的自我調節功能也不夠應付，就會使輸送到腦部的血壓與血量都不足，造成意識障礙，最後病人便會陷於昏迷。首先喪失功能的是大腦皮質，位在腦部較下方的腦幹與延髓則可以維持得較久一些。因此病人還有呼吸，只是呼吸形態會越來越不規則。最後，幾乎已經空無一物的心臟會停止跳動，有時則先出現纖維顫動才完全停止。這時，巨痛期開始，生命已如殘燈搖曳。

驚訝的眼睛

幾年前，在康乃狄克州的一個小鎮上，發生了一件惡意謀殺。那個小鎮距離我工作的醫院不遠。在那裡，活生生上演了被害者失血、大出血、心跳停止、巨痛期、臨床死亡和確定死亡這一連串殘酷的過程。事情發生在一個熱鬧的市集，眾目睽睽之下，在場的人紛紛走避，想躲開這個瘋狂暴怒的凶手。在這次野蠻的攻擊前，凶手甚至沒有見過這名漂亮活潑的九歲女孩。

出事那天，凱蒂．梅森隨著她的媽媽瓊和六歲的妹妹克莉斯汀從鄰鎮來參加市集。同行的還有瓊的朋友蘇珊．瑞西，帶著她的兩個孩子蘿拉和提米。他們與梅森家的孩子年紀差不多，其中凱蒂和蘿拉是很要好的朋友，從三歲起就一起學芭蕾。當他們隨著人潮在當地商店前的路邊攤位閒逛時，小克莉斯汀拚命拉著媽媽的手，想到對街去看小馬。瓊於是帶著小女兒離開凱蒂和其他人，朝對街走去。當她們剛到對面，瓊就聽到身後一陣嘈雜，接著是一個孩子的尖叫聲。她拉著克莉斯汀的手，轉過身來。人群四處逃散，想躲開一個身材高大、蓬頭垢面的漢子。一個小女孩倒在他身旁，他正舉起手臂瘋狂地向她打去。瓊好像置身迷霧之中，還搞不清楚怎麼回事，卻立刻認出那倒在瘋漢腳邊的正是凱蒂。她最初只看到瘋漢的手臂在揮動，隨即發現他手中握著一個布滿血跡、長長的傢伙。那是一把獵刀，足足有二十公分長。

只見他使盡全力，向凱蒂的臉龐和頸部上上下下不停地亂砍。在那一剎那，所有的人都逃光了，只剩下凶手和小女孩在那兒。凶手起初是蹲著，接著坐在小女孩身旁，殘暴地向小女孩猛刺亂砍。沒有人攔著他，血染紅了馬路。六公尺外，瓊一個人站在那兒，動彈不得，震驚得難以置信。她事後回憶，當時周圍的空氣似乎厚重得使她寸步難行。她感到全身又灼熱又麻木，好像被重重包圍在夢幻迷霧之中。

在地獄般慘烈的景象中，所有的東西都像靜止不動，只剩下那瘋狂的手臂一次又一次砍向安靜的孩子。從商店裡或其他隱蔽處看去，只見瘋狂的凶殺正在靜默無聲的大街上鬼魅般進行。

瓊那時以為，這恐怖的死亡之舞會永無休止地進行下去。有幾秒鐘的時間，她完全被震懾住了，漫長的瞬間裡，她眼睜睜看著獵刀不斷刺進孩子的臉龐和上身。突然間，有兩個人彷彿從畫框外奔進來，抓住凶手，大叫著想摔倒他。但凶手似乎完全瘋了，不顧阻止地亂刺凱蒂，即使臉被厚皮靴踹，頭被踢得東搖西晃，也毫不在意。直到一個警察跑上來，緊緊抓住那握刀的手，他們三人才合力將這瘋漢制服於地。

當瘋狂殺手從凱蒂身上被拉開，瓊立刻衝上去，把女兒抱在臂彎裡。她輕輕將孩子轉過身來，望著她傷痕滿布的小臉，輕聲呼喚：「凱蒂，凱蒂！」好像在唱搖籃曲般。孩子的頭頸沾滿血跡，衣裳也浸在血泊之中，但她的眼睛是清澈的。

她凝望著我，又像望著遠方，我內心有一絲溫暖的感覺。她的頭向後垂下，我輕輕扶起她，似乎她還一息尚存。我呼喚著她的名字，對她說我愛她。我當時真應該帶她到安全的地方，帶她離開那個人，只是一切都太遲了。我將她圈在臂彎裡，走了幾步。心裡不禁自問：我在做什麼？我要抱她去哪裡？我跪下來，輕輕將她放下。她的胸膛劇烈起伏，接著開始吐血。吐了好多好多，還一直不停地吐。我不知道她小小的身軀內竟有這麼多血液，而現在就要流光了，我大叫著找人幫忙，對她的吐血一點辦法也沒有。

當我剛跑向她時，她的眼睛還閃爍著一絲光芒，似乎能認出我來。但是當我將她放到地上時，她的眼神就不一樣了。開始吐血後，她眼中的光彩漸漸黯淡下去。在我剛到她身旁時，她似乎還活著。但是沒有維持多久。

她的眼神不像是痛苦，倒像是驚訝。她開始吐血時，臉上依舊是這樣的神情，目光卻逐漸黯淡。有一個女士過來——可能是位護士吧，開始做心肺復甦術。我什麼也沒說，心裡卻在想，為什麼要做呢？凱蒂不在她的軀體內了。她凌空飛升，在我身後，在我上方。她的生命已經離去，不會再回來了，那個身軀不過是個空殼子。她的情況已經不像我剛到她身旁時那樣。

我知道女兒已經死了，她到別的地方去了，不在那身體內了。

救護車趕到後，他們將她從血泊中抬起，用空氣擠壓袋將空氣擠入她的肺中。她雙眼睜得很大，但沒有神采。她的表情滿是訝異，好像在問：「這是怎麼回事？」無助、困惑和訝異寫在她的臉上，但其中沒有一絲恐懼。這讓我好過一些。在那一刻，我多麼需要一點點的慰藉。

事發之後，有好幾個月，我不停地問自己：「她究竟有多痛？」我渴望知道答案。當她嘔吐時，我親眼見她血流殆盡。她的胸前臉上滿布刀痕，她當時一定猛力搖頭想要閃避那傢伙。後來我才知道，這個人不曉得從哪裡竄出來後，將蘿拉推到一旁，用力抓住凱蒂的頭髮，把她甩到地上。發出尖叫的是蘿拉，不是凱蒂。我很想知道那時凱蒂的情形，還有她的感受……

你能想像凱蒂當時的神情嗎？她看來像是解脫了。當我親眼目睹凱蒂受到攻擊，只有她看似解脫的面容使我得以平靜。我感覺她一定是從那痛苦中解脫了，因為她並沒有流露出受苦的表情。也許那時她已經休克了。她只是顯得很驚訝，卻沒有恐懼。我當時嚇壞了，凱蒂卻沒有嚇到。我的朋友蘇珊也看到了孩子的表情，她原先以為凱蒂是放棄掙扎了。我把感覺告訴她後，她說：「嗯，妳說得對。」

我們曾請人畫過一幅凱蒂的畫像，就像她那時的眼神。大大的眼睛沒有驚惶，但非常地純真——一種純真的解脫。她全身都由我而出；我是她的血液和所有一切的母親，能夠明瞭她的眼神使我得著安慰。在那一刻，我在她身旁，感覺到她已離開軀體，飄浮在空中，正向下望著自己的身體。雖然她已失去意識，但我覺得她還知道我在那兒。當她死去時，有母親陪伴著她。我把她帶到這個世界，當她離世時，我也陪著她。儘管我的心中充滿恐懼震驚，但畢竟我在那兒。

救護車只花了幾分鐘就將凱蒂送到最近的醫院。抵達時，她已脈搏停止，並且腦死，已超過了臨床死亡的階段。急診室的醫護人員對這事件非常驚駭，想盡一切辦法來搶救她。雖然憑他們過去的經驗就知道這一切努力都將是徒勞無功。最後，在宣布放棄的時候，他們的無力感和憤怒都化成了悲傷，其中一位醫師淚流滿面地將結果告訴瓊，但她早已知道結果。

攻擊凱蒂的是一位三十九歲的妄想型精神分裂病患，名叫彼得．卡爾奎斯特。兩年多前，他懷疑室友在他們的暖氣機中施放毒氣，企圖持刀殺害室友，後來因精神錯亂的理由獲得開釋。過去他有許多次攻擊人的紀錄，包括對他的姊姊和幾位高中同學。早在六歲時，他就告訴精神科醫生說，有惡魔從地底升起，進入他的體內。也許他是對的。

卡爾奎斯特因為攻擊室友，被安排住進占地廣袤的州立精神病院中為精神病罪犯而設的單位。這個病院恰好位於凱蒂來參觀的市鎮郊外。就在七月的那一天，命運把她帶到這裡。不久之前，一個鑑定委員會才認定卡爾奎斯特已有進步，可以轉到為各種精神病患預備的康復之家。在那裡只需要登記，每次可自由外出幾小時。事發那天早上，卡爾奎斯特先在附近閒逛，再搭公車進城，他走進當地一家五金行買了一把獵刀後，便走去市集。在商店外的人潮中，他看到兩個穿著一模一樣、十分可愛的小女孩。至於他為什麼挑上深色頭髮的凱蒂，而放過金髮的蘿拉，是他狂亂心智中的一個祕密，沒有人知道。那時，他衝向前去，抓住凱蒂的手臂，將她摔倒在地上，接著便像魔鬼般動起手來。

一無所懼

凱蒂死於急性出血造成的低血量休克。她上半身有多處刀傷，最致命之處是完全斷裂的頸動脈。大量出血流進裂傷的食道，再進入胃裡，造成後來的大吐血。

失血過多而死的人通常會有一連串的變化。首先會呈現過度換氣。因為血量減少，氧氣供應不足，所以身體藉著增加呼吸次數來補充氧氣。這時，心跳速率也跟著加快。等到失血越來越多時，血壓會開始快速下降，冠狀動脈得到的血量也越來越少。這時如果做心電圖，會看到心肌缺血的現象。心臟因為得不到足夠的氧氣，跳動變慢。一旦血壓和脈搏降得太低時，會使腦部的氧氣與葡萄糖供應不足而產生意識障礙，接著會腦死。這時，缺血的心臟越跳越慢，終至停止，通常不會伴隨纖維性顫動。隨著心跳停止，血液循環和呼吸也跟著停止。然後會出現一些巨痛現象，隨即進入臨床死亡。若是像頸動脈大小的血管出現很大的傷口，那麼整個過程可能不到一分鐘。

這些身體的變化可以說明凱蒂是怎麼死的，但不能解釋她母親所注意到的現象，這也是許多類似恐怖死亡事件的目擊者所注意到的。當這個孩子突然面對一個精神病患持刀欲置她於死地時，為什麼她臉上竟沒有一絲恐懼，而只有無辜與解脫？為什麼她表現出的是驚訝而不是害怕？特別是在她神智清醒的瞬間，目睹那人野蠻地猛刺她臉部和上身，為什麼她不致恐慌，甚至沒有一點害怕？

瓊所觀察到的，正是好幾百年來都讓人們覺得不可思議的現象。就像在戰爭裡，有些軍人即使負傷掛彩也不會感到恐懼疼痛，仍然繼續作戰。他們當時只會感到作戰的亢奮，直到眼前的危機解除後，才會感受到身體、心靈的重創痛苦，甚至倒下死去。這絕不只是過去所謂腎上腺素激增、造成「非戰即死」的現象所能解釋。

在蒙田的散文〈熟能生巧〉（Use Makes Prefect）中，他寫到，如果我們熟知死亡的方式，將會使一生中最後的幾個小時變得好過些：

我幻想我們會有什麼方法能熟悉死亡的過程，能讓我們試試它究竟是什麼滋味。那也許是不完整的體驗，但總會有一些幫助，使我們能更有信心、更有把握地面對它。縱使我們不能勝過它，至少可以接近它、正視它；縱使我們不能長驅直入，至少可以發現並熟悉這條通路。

蒙田回憶起自己過去的經驗。有一次，他正騎馬奔馳，突然迎面來了另一個騎士，大聲吼著全速衝來。他被擊倒，身體流血，還以為頭部被砍了一刀。但他竟然十分鎮靜，連自己都感到奇怪。「我不但能簡單地回答他們的問題，甚至還鎮定地請他們帶一匹馬給我的妻子，因為我想她在路上會精疲力竭。」

當時他感到很平靜，甚至拒絕注射鎮定劑。「我當時深信自己頭部受到致命一擊，將不久於人世。但我顯得很安詳，沒有受到什麼痛苦，別人也看得出來。我只是十分疲倦、非常虛弱，卻不感到疼痛。」有兩三個小時之久，他從容地等待那並沒有到來的死亡，並且對於這麼舒適自在地離世，深感滿足。但是後來，「我突然被劇烈的疼痛攫住，四肢彷彿被碾碎了。有兩三天，我日夜受此痛苦煎熬，我再一次以為自己就要死了，但這次卻是充滿痛苦的死亡。」

蒙田受傷當下心裡的平靜，現在不見了。受傷後幾小時，他開始嘗到劇痛的滋味。平靜和疲憊的感覺消失了，等待安然辭世的念頭也不見了，代之而起的是真真實實的痛苦與懼怕。

像蒙田這類故事其實並不少見。有時它們會被蒙上一層神祕的面紗，好像是超自然的神奇現象。但是對於我來說，長年在外科處理手術治療與暴力外傷的經驗，使我了解這類面對重創劇痛卻只感到安詳疲憊的經驗，其實有一個原型，就是注射鴉片類或其他麻醉性止痛劑的結果。只要選對藥物、劑量夠高，我們便不再感到恐懼，甚至連最難以免受的創傷疼痛都會淡去，不再有痛苦。許多病人甚至會感到很舒適。我還見過病人在注射適量的嗎啡類麻醉藥後，產生輕微的欣快感。

人類本身就會製造嗎啡類物質，並且會在最需要的時候釋放出來。這是有事實根據的。而「最需要的時刻」正是啟動這個開關的關鍵。

體內的睡夢之神

我們體內確實會製造鴉片，稱作腦啡（endorphins）。大約二十年前，科學家發現腦啡的存在，不久就把此種「內因性嗎啡」（endogenous morphine）簡稱為「腦啡」。內因性（endogenous）這個字出現在醫學辭典上至少已有一世紀之久，是根據希臘文「endon」（意思是「在其內」）和「gennao」（意為「我所製造」）兩個字而來，也就是指我們體內所製造的物質或狀況。而嗎啡（morphine）則讓我們想起羅馬的睡眠與夢幻之神莫斐斯（Morpheus）。

在受到壓力時，腦部有好幾個地方會分泌腦啡，包括下視丘、導管旁灰質區（periaqueductal gray matter）和腦下垂體。腦啡分泌出來後，會和一種刺激腎上腺分泌的腎上腺皮質促進素，一起和位於某些神經細胞表面的接受體結合。其他的麻醉劑也同樣會和接受體結合，而改變正常的感覺功能。腦啡不但會提高對疼痛的忍受度，還可以影響情緒反應，除此之外，它還會和腎上腺素類的荷爾蒙起作用。

通常，在沒有壓力、沒有受傷的情況下，不會有腦啡產生，因為它主要的作用是減輕痛楚和改變情緒。必須有某種程度的創傷——不論是身體上的或是情緒上的——才會使腦啡發生作用。目前還不確定要何種程度與何種性質的創傷，才會引發腦啡反應。

以針灸來說，就可能刺激腦啡的分泌。過去幾年，我到中國大陸的醫學院進行過幾次學術性訪問，對於他們在大手術中使用針灸來麻醉的效果深感興趣。一九九〇年，我去拜訪曹曉丁（Cao Xiaoding，音譯）教授，他是一位神經生物學家，在上海醫科大學主持針灸麻醉和止痛的研究小組，共有三十位同仁、六個實驗室，包括神經藥理、神經生理、神經形態、神經化學、臨床精神醫學和電腦學。曹教授的小組成就斐然，他們提出許多實驗和臨床上的證據，來解釋針灸應用的原理就在於針的旋轉或震盪會刺激腦啡分泌。在西方，也有幾個實驗室證實針灸會造成體內腦啡相當程度地增加。不過，它是經由哪一個神經傳導路徑到達大腦，造成腦啡增加，目前還不明瞭。也許，它和我們所熟知的壓力－反應機轉很類似。

一九七〇年代後期，在大失血或敗血症造成的休克病患中，已經發現有腦啡的存在；根據外科文獻的記載，醫學界已經證實，任何形式的身體創傷都有可能造成腦啡增加。過去沒有人對兒童做過相關的研究。直到最近匹茲堡大學的研究才發現，兒童會與成人有相似的反應，受重傷孩童的腦啡比受輕傷的有明顯增加，有些孩童甚至僅受擦傷，也會引起輕微的腦啡增加。

我們不可能得知凱蒂的腦啡有多少（有些要求拿出證據的同行一定會對我假設它升高提出質

疑）。但我相信自然的力量會一如以往介入，為一個瀕死的孩子預備一匙藥物，使她得到安寧。腦啡增加是我們與生俱來的生理機轉，為要保護哺乳動物，甚至其他動物，使他們在情緒或生理上能應付恐懼、痛楚所帶來的危機。這是求生的方式之一，深具演化意義，很可能始自野蠻的史前時代。因為在那個時代，常須面對威脅生命安全的突發事件。有許多生命得以被挽救回來，顯然是因為在面臨突發的危險時不致太過驚恐。

瓊似乎也受到腦啡的保護。她告訴我，當時她若不是感到從天而降的溫暖，以及一層厚厚的大氣將她隔絕開來，她可能當場就心臟病發作，在大街上死在她女兒身旁。過去，原始人猿在面對野獸攻擊時，只有心臟和循環系統沒有向恐懼投降的才能存活下來。因此，這些人的子孫才有這麼類似的反應。

大難臨頭

儘管有許多這類案例擺在我們面前，卻很少有人想對它做系統的研究。我們讀過蒙田的哲學教訓，讀過軍人的故事，可能也聽過登山者不幸墜落、以為必死無疑時內心不尋常的平安感。許多人更有他自己的親身經歷。當然，腦啡也有失效、使人嘗到死亡痛苦滋味的時候。

腦啡的作用對某些人是在身體方面，某些人則在精神層面。有一個人的經驗彌足珍貴，因為他很善於表達，又以兼顧身體、心靈的全人醫治為職志。他就是大探險家大衛·李文斯敦（David Livingstone）。許多人似乎都忘記了他原是位醫療傳教士。他在非洲遇到好幾次襲擊，命在旦夕，但都活了過來。他有一次經歷是個很好的例證，那時，細胞的原生質（protoplasm）和外胞漿（ectoplasm）看似要永遠分離了，卻正是它們結合得最緊密的時刻。

在一八八四年二月，李文斯敦三十歲。有一天，他正試圖趕走在集會中攻擊土人的一頭獅子時，這隻受傷的野獸轉而襲擊他。暴怒的獅子用力咬住李文斯敦的左上臂，把他高高舉起，猛烈地搖晃，獅牙深深陷入他的肉中，將臂骨扯裂，造成十一處血肉模糊的裂傷。當天的聚會中，有一位皈依的長者，名叫梅柏威（Mebalwe），他拿起來福槍，連發兩匣子彈，才使獅子放下獵物，奔逃而去。但牠只跑了一小段路，就因為李文斯敦先前打中牠的子彈而倒地死去。

經過兩個多月的療養，李文斯敦才從失血、粉碎性複雜骨折，以及短期內就流膿的嚴重感染中恢復過來。這段期間，受傷的探險家有很多時間思索他死裡逃生的經歷。他想不到自己竟能倖存，對於身陷獅口時的鎮靜也覺得不可思議。他在一八五七年出版的自傳《南非宣教與探索之旅》（*Missionary Travels and Researches in South Africa*）中，描述了事發經過與那種難以形容的平靜：

> 牠在我的耳畔發出恐怖的咆哮，好像獵犬抓住老鼠般猛力搖晃我。我被這震撼弄呆了，可

能老鼠初嘗被貓攫住的感覺也差不多。我彷彿置身夢中，既未感到疼痛，也不會驚惶，我很清楚發生了什麼事，就像病人在氯仿的局部麻醉下，可以看到手術進行，卻不會感覺手術刀帶來的疼痛。這情況非比尋常，絕不是我自己所能做到的，搖撼驅走了我的恐懼，當我回頭看那猛獸時也不覺得驚惶。也許所有動物被其他動物吞吃時都是這樣。果真如此，那真是仁慈的造物主所賜的恩典，為要減輕我們死亡時的痛苦。

那是許久以前的事了。那時，實驗科學與臨床醫學的長期合作才剛剛起步。大多數人可能會接受李文斯敦對他那出奇平靜的解釋。在那個時代，科學才剛露曙光，顯微鏡與化學分析還只像襁褓嬰孩。除非你有先見之明，認定這與信心無關，才會向生理學找答案。要李文斯敦憑直覺知道壓力造成生化反應，進而影響意識感覺，是不可能的。這需要有大跳躍式的先知卓見，就算是基督教傳教士也沒有這個能力，李文斯敦是無法預先知道這理論的。

我個人也有一次類似的經驗。我不是個天生膽小的人，但有兩種情況會使我驚惶失措、失去理性。就是從極高之處向下望和被淹在深水之中。我甚至只要一想到這兩種險境，就會引發全身腸道從頂端到末尾每一個括約肌的收縮。我不只是碰到深水才小心翼翼，甚或心驚膽顫。事實上，我根本被它弄得男性氣概盡失，像個膽小鬼，一個慌張不已的懦夫。在游泳池中，四周全是健壯青年，任何人都可以動一動肌肉纖維就輕易地把我救起來，但我不止一次感到即將滅頂的恐懼。只要我一發現水深超過我的高度幾公分，恐懼就會在我腦海中爆發出來。

有一次，我在晚宴後離開，同行的還有一位美國同事及六位湖南醫科大學的教授，這學校位於南中國的一個城市長沙。兩小時的宴席中，我只在剛開始時喝了一罐青島啤酒。我們沿著一條曲徑邊走邊聊，不遠處有一個淺淺的水池。我當時盛裝，肩上背著一個裝了半滿的背包。兩年前我曾來過這兒的賓館，對這裡的地形並不陌生。但我可能沒料到這條路很窄，在這無星的夜晚四周也沒有燈光。我想回過身去對後面的主人談件事，才轉了一半，便發現右腳踩空了，隨即掉進看不見底的黑水池中沒了頂，並且還繼續往下沉。我馬上發現自己正直立著越沉越深。我呆若木雞，有一種模糊遙遠的荒唐快感，彷彿很笨拙地出現在一個沒有照計畫進行的特技表演中。我對自己很懊惱，一會兒我就發現原因——同時間，我好像順著一條狹窄的水道，穿越地球的塵土，直接奔回新海文市——這樣做可不太漂亮，使我在湖南的任務不能圓滿達成。最特別的是，我一點都不害怕，甚至沒有想到我就要淹死了。

雖然我沒有留意，但我一定碰到了池底，又本能地往下踢，好像一個熟練的泳者。因為我很快就發現自己正往上升，終於冒出水面。我的同伴嚇壞了，大聲喊叫著伸手拉我，我緊緊抓住伸過來的援手，腳踩在凹凸不平的岩石上，終於爬出池子。背包還在我的肩上，我失去的只有一副眼鏡，以及中國人稱作「面子」的一點點尊嚴。我站在那裡好一會兒，覺得非常愚蠢、困窘，還有突然襲來的一陣冰涼寒意。

從我掉入深水中再浮上來，前後不過幾秒鐘，腦啡是個無從證實的假設。但我這次的經驗是個佐證，在遇到突發意外時，本來會造成無法控制的混亂，但大家都認為我很鎮定，並且很理性地面對這個名副其實落入的危險。情緒上的震撼似乎造成一種壓力反應，使我無視於危險，也不至於陷入極度的恐慌錯亂中。我所以能被救回來，是因為沒有在那裡做無謂的掙扎或喝下好幾公升的水，更別提當時我的頭若晃來晃去，可能會撞到近在咫尺的嶙嶙岩石。

我短暫的危險當然不能與蒙田或李文斯敦遭遇的突襲相比，我也不會無知地將它與凱蒂的悲劇相提並論。雖有程度上的巨大差異，這些遭遇還是有一個共同點，就是鎮靜很明顯地取代了恐懼，安靜不動代替了弄巧成拙的掙扎。許多人仔細思量過這個問題，各種答案遍布在哲學理論中，從心靈到科學的論點都有。不論它的來源是什麼，人類和許多動物在突然面臨死亡邊緣時似乎都受到一種保護，不只是免於對死亡的恐懼，也能避免採取一些有害無益的動作，反而使自己更加驚恐，甚或造成死亡。

死而復生

接下來我要探討的，是一個頗富爭議但不能不談的範疇。所謂「瀕死經驗」（Near-Death Experience，常常用大寫來強調）最近曾受到廣泛地討論。許多可靠的研究人員曾對一些值得信賴的生還者進行訪談，只要是敏銳的觀察者都不應低估這些瀕死的故事。其中有些人希望能在理性、科學的基礎上尋求解釋，他們遍尋可能的原因，涵蓋了精神醫學到生物化學的各個層面。有些人希望能在宗教信仰或超心理方面找到答案。另有些人則從表象上來看待這些經驗，認為這不僅是真實的，並且是進入天國或其他類似極樂來生的第一步。

心理學家肯尼斯．林因（Kenneth Ring）曾經訪談過一百零二位從危及生命的重病或創傷中生還的人。其中有四十九位符合他所訂定深度或中度瀕死經驗的條件，另外五十三位則屬於「無經驗者」。這些疾病大部分屬於突發狀況，如冠狀動脈梗塞或大出血。林因博士發現那些有經歷的人都有一些類似的感受，例如：平安和健康的感覺，與自己的身體分離，進入幽暗之中，看見亮光，進入光明。其他較不普遍的現象則如：回顧自己的一生，與某一種「存在」相遇，遇見已逝的愛人，決心要返回。林因博士的病人中有一些經歷了醫學上的臨床死亡，但是大部分情況還沒有這麼壞，只是有生命危險而已。

許多人深思過這種所謂的「拉撒路症候群」（Lazarus syndrome）。在此我並不能提出更好的看法，我只是想對所觀察到的事實提出更忠實的解釋，而不像那些已有預設立場、特別是將這些經驗誇大為「死後經驗」（After-Death Experience）的人。我們應該正視這些經驗在生物學上可能代表的意義——它有什麼功用？它如何有利於個人或種族的生存？（編按：拉撒路是《聖經．約翰福音》中，死後四日復生的人物。）

我相信瀕死經驗是幾百萬年來生物演化的結果，有助於種族的生存延續。它極有可能與前面所說的過程差不多。在少數例子裡，瀕死經驗仍然發生，即使「死亡」的過程似乎被延長，或者患者並未受到什麼壓力，但這些並不能動搖我的信念。我相信總有一天腦啡的作用會得到證實，或者不只是腦啡，還有其他類似的生化機轉存在。如果這些可能的原因以後得到證實，我也不會感到意外，這些因素如：人格解離（depersonalization）的心理防衛機轉，恐懼所造成的幻覺，發自大腦顳葉的影響，以及腦部缺氧。一些被釋出的生化因子也有可能會再刺激下一個或一連串反應的發生。在少數情況下，這種現象會發生在末期病人生命殘存的時候，有可能是其他因素的影響，例如注射麻醉劑或疾病本身促使身體分泌一些毒性物質所造成。

就像對許多神祕難解的現象提出生化方面的解釋，我無意與宗教人士爭論。我並非第一個去質疑「上帝不可測度的旨意，會透過神奇的方式來進行」的人，「上帝藉著化學物質來工作」也不是我先說的。作為一個堅定的懷疑論者，我深信我們不僅應對任何事物提出質疑，也應願意相信所有事情都是可能的。一個真正的懷疑論者可以始終懷著不可知論而快樂地生存著，但我們當中有些人卻寧願能信服些什麼。我有時覺得會背叛自己理性的是超心理學，而不是上帝。我多麼希望能證明上帝的存在和極樂的來生，只是，我在瀕死經驗中找不到這樣的證據。

我並不懷疑這些瀕死現象的真實性，也相信一個人突然面對致命威脅時所顯現出的平靜。但是如果死亡並非突然來到，我就懷疑這現象是否普遍存在。許多評論者過分強調生命垂危時的舒適、平安，特別是內心的安寧。但我們不應被這些不切實際的期待所哄騙。

Chapter 7

Accidents, Suicide, and Euthanasia

意外、自殺與安樂死

奧斯勒有一篇常常被引用的演講，是一九〇四年於哈佛大學的殷格索（Ingersoll）講座，講題是〈人之不朽〉。其中提到他對大約五百位臨終病人所做的研究，記錄他們「死亡的形式和當時的感受」。據奧斯勒所說，當中只有九十個案例曾流露出痛苦，其他「絕大多數的病患則沒有這種跡象。死亡對他們而言，只是長眠與遺忘，就像出生一樣自然」。奧斯勒所描述的臨終情形，就像「無目的之漫遊，患者通常已無意識，也沒有感覺」。路易斯．湯瑪斯（Lewis Thomas）更進一步說：「我只有在一個狂犬病患者身上見到死亡痛苦。」他們說這話的時候，都是醫學界中頗負重望的學者。

我對此深感困惑。我見到太多人在痛苦中逝去，太多的家庭被沒有益處卻不得不堅持下去的臨終看護所折磨。他們的言論使我不禁懷疑起自己的臨床觀察是否正確，我是否誤解了真實的情況。但我有太多病人在人生最後一段時日中受盡痛苦，遠超過奧斯勒所說一比五的比例，這是我親眼目睹的。我猜想湯瑪斯會有這看法，可能是因為他大半時間是在實驗室中度過；而奧斯勒的樂觀是出了名的，他相信世界比我們想像的更美好。也許他對傳播他的玫瑰花哲學充滿熱誠，才會對那五百個病例做出這樣的結論。不論這兩位富有人性的醫學家動機為何，我仍然要慎重地表示異議。雖然，要對我們素來敬重的人提出質疑，非常不易。

其實，我並不能全盤否定他們的講法。奧斯勒和湯瑪斯很可能自己也不認為有那麼理想的情境，只是他們不願意說。他們顯然對這問題很技巧地做成結論，刻意忽略了在所謂「沒有痛苦的臨終」之前所發生的事。有些病人會在經過一番痛苦折磨之後，在彌留之際陷入深度昏迷，好像死亡之前得到片刻休息。因此當他們心跳停止的時候，看來確實十分安詳，不至於在痛苦中離世，但也有許多病人，直到最後一刻，身心仍然受苦。否認死亡之前可能會有一段悲慘的前奏，只是一種維多利亞式的緘默，會受到每個人的歡迎。但是，我們如果欺騙自己，衷心期待臨終時會擁有平靜、尊嚴，那麼在事到臨頭時，大部分的人將會感到困惑，是不是自己或醫生弄錯了什麼。

奧斯勒最後的確是平靜地離世，但在此之前他頗受病魔折磨。他抱病臥床整整兩個月之久，起初只是一點傷風，卻轉為重感冒，後來更變成肺炎。他雖然很堅強地忍受高燒和一陣陣劇咳，但有時妻子和朋友們仍不免心焦如焚，覺得他的樂觀精神快被磨盡了。患病後期，他寫信給以前的祕書：「這段時間真不是人過的，臥床六個禮拜！我得了一種陣發性氣管炎，你在教科書上找不到的！身體檢查起來完全正常，但就是一直咳個不停。先短咳兩三聲，然後一陣陣發作，簡直像百日咳一樣糟……前幾天深夜十一點，突然發生急性肋膜炎，一咳嗽或深呼吸就像刀刺一樣，痛得不得了。十二小時之後，一陣咳嗽好像把我的肋膜都撕成碎片了，那痛苦……所有的氣管治療術都不見效果，那些好大夫們什麼辦法都給我試過，但是只有一樣東西可以止咳，就是鴉片——只有將止痛藥一飲而盡或皮下打一針嗎啡才有用。」

到了這地步，奧斯勒平日的快活精神不見了，也不再將他的樂觀感染給周圍的人。在全身麻醉下，他接受了兩次手術，將胸腔蓄膿引流出來，但每次都只獲得短暫的改善。身心痛苦使他渴望死亡，渴望那十五年前被他認為「既無意識也沒有感覺」的死亡。到了最後，充滿勇氣的奧斯勒終於承認離世並不容易，想要結束痛苦也像是奢望：「這討人厭的情況一直拖拖拉拉，讓人難過極了——到了人生的第七十一年，前面的港口應該不遠了。」

兩個禮拜後，奧斯勒病逝，享年七十歲，活到了《聖經．詩篇》中所說的七十歲人生。他的肺炎並不如早先他描述的，是「急性、短暫、通常並不痛苦的疾病」，更絕非是伴隨「老年人的朋友」。因為他若不是這次被擊倒，很可能還可以健健康康地活好幾年。他臨終的情況完全不像他所預期的，卻是大多數人的寫照。

總括說來，臨終是不愉快的經驗。雖然許多人是因為陷入昏迷或神智不清，得以「既無意識，也沒有感覺」的離開人世；雖然有些人到了疾病末期仍有知覺，卻幸運地溘然長逝；雖然每年總有數千人是突然倒下死亡，未經片刻痛苦；雖然突發的意外傷害和死亡，有時不會讓人感到恐懼痛楚——但我們若了解整個狀況就會承認，絕對不止五分之一的人無法安然辭世，而即使是那些去逝時看起來很安詳的人，在逝世前的幾天或幾週，他們還有意識的時候，也常飽受身心之苦。

病患和家屬都太常抱著無法達到的期望，因而在失望挫折之餘，死亡變得更加難熬。再加上這時的醫藥治療未必能為患者帶來什麼好處，反而常會弄得更糟——因為它只會使這場毫無希望的奮戰持續得更久。我們若以為絕大部分的人離世前都沒什麼痛苦，就會在治療末期病患時，忽視了他本身的意願，結果只是帶給他一連串更糟的苦難，卻不是解脫——例如：效果存疑、併發性多的外科手術，副作用嚴重又成效不彰的化學治療，白費力氣的長期加護治療等。我們若對臨終了解得越多，越能避免那些最壞的抉擇，至少能夠幫助病患減輕痛苦。

不論一個人多麼相信「臨終過程沒什麼好懼怕的」，一旦事到臨頭，他還是會感到害怕。除非我們對將要臨到自己身上的事能預先有所了解，才不致產生莫名的恐懼，深怕自己會做錯什麼。每一種疾病都有一定的發展過程，它對身體的破壞總是在一個非常特定的架構下進行。所以，我們若能認識所患的病症，才不會胡思亂想；若能確實了解它的致命過程，才不會在面對死亡時產生不必要的害怕。最好是能有所準備，知道到了什麼地步可以尋求解脫，甚至考慮全然結束這段人生旅程。

但是有一種情況，我們很難先做準備，也不太可能提供意見，就是外力傷害死亡。它常常是年輕人的主要死因。即使事先警告過哪些路徑通往墳場，年輕人也聽不進去。他們似乎也不受統計數字的影響——外傷是四十四歲以下美國人最主要的死因，它每年要奪去大約十五萬不同年齡美國人的性命，另外還造成四十萬人終生殘障，其中有六〇%的死亡發生在受傷後的二十四小時內。

在美國，車禍無疑是外傷的主因，意外傷害中，三五%是汽車事故，七%則是機車事故。絕大部分的交通事故並非故意肇禍，但槍傷與刀傷則多為故意；它們各占了重傷害的一〇%。行人發生意外的，約占七%至八%。另外有一七%是跌傷，常發生在年邁者或幼童身上。其餘的一五%包含了許多原因，如工業意外、自行車事故和自殺等。

一八九九年夏末，一位六十八歲的房地產經紀人在紐約市步下電車時，被一輛駛過的汽車撞死，這可能是美國第一樁汽車肇事致死的案件。諷刺的是，他的名字是亨利·卜勒斯（Henry Bliss，極樂之意）。從那時候起，至今大約已有三百萬人死於車禍。造成車禍死亡最重要的禍首就是酒精（它可說是死亡的隨行伴侶）。在美國大約有一半的車禍死亡與酒精有關，其中三分之一是別人酒醉駕車的受害者。

我已經說過，個體死亡是生物延續傳承不可或缺的因素；但在這裡我要加上一點，就是上天並不需要人的幫忙。上天透過細胞的運作，自有方法來殺死每一個細胞以延續生命，不需要人為因素造成的傷亡。但外傷會奪走種族的子嗣，並且破壞再生與進步這種有秩序的循環。人類的外傷死亡沒有什麼好處，它對種族和受害者家屬都是悲劇。

很諷刺的是，社會中的生物醫學資源只有很少一部分是用於傷害防治。直到最近外力傷害才被視為美國公共衛生的一大課題。在美國，槍擊致死的人數是英國的七倍。而暴力傷害中，最令人悲痛的莫過於自殺。統計顯示，兒童與青少年的自殺率在過去的三十年中成長了一倍，所增加的幾乎完全是槍傷造成，自殺已經成為這個年齡層的第三大死因。

有些人辯稱，自殺的數字目前仍然極低。這是因為他們沒有將一些慢性自我摧殘的行為考慮進去。有人稱這些行為是「慢性習慣性自殺」，包括藥物、酒精、不安全的駕駛、危險的性行為、幫派組織和其他青少年反抗社會的行為。慢性習慣性自殺不僅會限制生命的長短，也會影響生命的品質。早在真正失去這些人之前，它就奪走了他們的天賦與熱情，使社會損失了他們本來可能會有的貢獻。這些損失是無法估計的，而它就這樣慢慢啃食我們文明的結構。

敗陣

外傷死亡根據發生的時間，可分為三種型態：立即、早期和晚期死亡。立即死亡發生於傷害後的幾分鐘之內，外傷死亡中有一半以上的案例屬於立即死亡。通常是由於腦部、脊椎、心臟或大血管受到傷害所造成。它的生理機轉可能是嚴重腦部創傷或大出血。

早期死亡則是發生在最初的幾小時內，常常是因為頭部、肺臟或腹部器官受傷出血。死亡的原因可能是腦部傷害、失血過多或阻礙呼吸。總括起來，頭部外傷占了所有外傷死亡的三分之一，還有三分之一是失血過多所造成。外傷造成立即死亡的部分，可能超出了醫學處理的範圍，但屬於早期死亡的情況，如果立即施救，許多生命還有被挽救回來的機會，關鍵在於要能迅速運送病人，要有訓練有素的外傷處理小組和隨時待命的急診室。據估計，每年約有二萬五千個美國人因為急救資源不足而喪命。我們從戰場上就可看出快速運送系統的功用。在最近四起大規模的戰役中，救護處理越來越進步，撤退時間便越來越短，而傷亡率也明顯地逐次降低。

「晚期死亡」是指傷患在受傷數天或數週後去世。其中約八〇％是由於併發感染發生肺臟、腎臟、肝臟衰竭。他們從最初的失血或頭部外傷中熬了過來，往往還合併有其他器官的損傷，如腸穿孔，脾臟、肝臟破裂或肺部鈍傷，常常需要以手術來止血、預防腹膜炎、修補受損傷的器官，甚或加以摘除。有些人不幸在幾天後開始發燒、白血球增加、血液蓄積在身體某些部位如腸道血管，造成全身的血液循環供應不足。這些現象是廣泛性感染或敗血症的特徵，並且越來越對抗生素等藥物產生抗藥性。

如果敗血症是由膿瘍或手術傷口感染所引起，通常都能藉外科引流獲得改善，病人也能康復過來。但在許多敗血症的病人身上，根本找不到可以引流的膿瘍。病情會持續惡化，到了第一週結束，病人開始出現呼吸衰竭，表現出肺水腫或類似肺炎的症狀，血液中的含氧量也跟著下降。敗血症第一個攻擊的目標就是肺臟，其次是肝臟和腎臟，這些都是由微生物等侵入血液，放出有毒物質，造成一連串的發炎反應。這些侵入者可能是細菌、病毒、黴菌，甚至是一些細小的壞死組織碎片。如果這些微生物能被辨識出來，它們最常見的來源是泌尿系統，其次是呼吸和消化系統。手術傷口和皮膚也是常見的感染源。當血液中有毒素時，肺臟和其他器官會製造並釋出一些化學物質，造成血管、器官和細胞（包括血液中的各種成分）的傷害。這時，組織細胞無法從血紅素獲得足夠的氧氣，再加上血液循環不足，使得送到各組織的血紅素也跟著減少。這種情形稱作敗血性休克，很像心因性或低血量休克的典型變化。如果敗血性休克對治療沒什麼反應，重要器官就會一個接一個衰竭。

敗血性休克並非只發生在外傷病人身上。有許多疾病會使身體的抵抗力減弱，也可能引發敗血性休克。事實上，它常是糖尿病、癌症、胰臟炎、肝硬化和大範圍燒傷最後致命的原因，造成約四〇％至六〇％的死亡率。在美國，敗血性休克是加護病房中直接死因的第一位，每年要奪走十至二十萬人性命。

一旦肺臟不能使血液充分氧化，心臟功能減弱加上血液蓄積在腸道血管中又使得血液循環不足，就會造成許多器官出現營養不良的現象。如大腦功能衰退、肝臟功能也逐漸喪失，使肝臟不能製造身體所需的一些物質，也不能清除廢物。肝衰竭還連帶會使免疫功能降低，因為一些抵抗感染的物質須由肝臟製造。同時，腎臟的血流量減低，便無法使血液充分過濾，造成排尿量減少，甚至惡化成尿毒症，使有毒物質在體內不斷堆積。

除此之外，腸胃道的表皮細胞破壞，造成潰瘍、出血，會使情況更形複雜。外傷引發多器官衰竭而死的病人，最後的結局常是休克、腎衰竭和腸胃道出血。換句話說，敗血症常會導致多器官衰竭，而許多人因為外傷和「自然」疾病最後也會走上這個共同的結局。敗血症的所有病徵都是出於毒素對身體各個器官所造成的影響，最後的結果端視有幾個器官敗陣下來。如果有三個器官衰竭，死亡率幾乎是百分之百。

通常全部過程歷時兩三週，甚至會更久。我有一個病人，因為胰臟炎造成敗血性休克，拖延了好幾個月。我們動員了許多人力，包括外科醫師、會診醫師、麻醉醫師、住院醫師、護士和技術員，用盡了大學醫學中心裡所有的診療技術，希望能阻擋一波波到來的多器官衰竭，最後還是功虧一簣。

死於敗血性休克的病人，常會經歷一連串難以形容的折磨。它以特定的形式，給人一次又一次的致命打擊。首先是發燒、心跳加速、呼吸困難。血液分析顯示缺氧，需要以氣管插管來輔助呼吸。但是你很快就會發現，這沒什麼用處。如果這時病人尚未昏迷，意識狀態也會開始呈現波動。他被安排接受電腦斷層掃描、超音波、多次血液分析和數套培養，希望能找到感染源來對症下藥，但是往往一無所獲。這時會有好幾科人員聚集在斗室中會診，抽取病人體液，喋喋討論不休，結果只會更增加不確定的氣氛。病人在加護中心與X光室之間被送來送去，置於一個個影像機器前，為的是要找出體內蓄膿或發炎的部位。每次從病床移到活動推床再移回來，都像在做後勤演練，要能解開各種管徑線路。每次一有新的報告出爐，家屬和醫療小組的精神都會跟著起伏。如果病人意識還清楚，也只有好心人士才會將病況告訴病榻上焦慮的病人。醫生開始使用抗生素後，會一再換藥，然後停藥，以期能從血液培養中找出可治療的致病菌，再重新用藥。多器官衰竭的病人中，大約只有一半能在血液培養中找到致病菌。

這時，血液成分會有很大的變化，凝血機轉受到抑制，有時甚至會發生自發性出血。肝衰竭使身體出現黃疸，腎臟功能也開始逐步顯現出惡化的徵兆。只要還有一線希望，醫生會為病人做洗腎治療。受盡折騰的病患如果沒有在更早的時候感到困惑，這時也不免會懷疑這些治療是否得不償失。連他的醫生也會興起同樣的念頭，只是病人並不知情罷了。

儘管如此，每個人都還是全力以赴，因為這場戰爭還未宣告失敗。在這段期間，有一件事會悄然發生，就是儘管醫護人員一片善意，還是要在心理上與他們全力搶救的病患保持距離。日復一日，病人漸漸不再被視為一個活生生的個體，而越來越像一個複雜並充滿挑戰的案例，考驗著醫院中最傑出、積極的臨床戰士們。在病人還未發展到敗血症前就認識他的所有護士和部分醫生們，多少還能記著這個人（或他過去的樣子）。但是前來會診的專家們，則只是靠著一些分子數據來評估他日漸凋零的生命。對他們來說，病人只是一個病例，而且是一個非常吸引人的病例。比患者年輕三十歲的醫生可能對他直呼其名，但這還比被喊作一個病名或床號好得多。

悲哀與困惑

如果這個在死亡邊緣的病患夠幸運，這時他已不會意識到自己身為主角的戲碼。他開始變得遲鈍，漸漸只剩下些微反應，甚至完全昏迷。意識上的變化有時是因器官衰竭所造成，有時則是麻醉劑或其他藥物的影響。家屬的心情則從焦慮轉成失望，最後完全絕望。

除了家屬，那些一開始就參與治療的醫生護士們，如今置身在這場敗戰之中也會備感壓力。他們會對整個治療過程發生疑問，對自己和那一群專家所擬定的治療計畫深感懷疑，許多他們所一味追求的診斷線索也只帶來更深的失望。有一個揮之不去、越來越強的聲音不斷在心中響起，就是他們為了維繫病患渺茫的一線生機，卻加深了病患的痛苦。勇於內省的醫生會發現，自己有一部分動機是為了在這種毫無勝算的情況下能夠化解危機，贏得光榮的快感。

在心理上與病患保持距離，會使得部分醫護人員與家屬的關係日益接近。他們經過數週長期照顧病人，會將情感轉移到家屬身上。特別是到了臨終時刻，病患本身已不再能感受到安慰，醫護人員便轉而安慰憂傷的家屬。在加護病房中，很少病患能在最後一刻留下隻字片語。家屬們往往是從護士溫暖的擁抱或醫生幾句安慰的話語中得到慰藉。

到了最後，連那些素來最內斂的人見到病患終於自長久的痛苦解脫時，也會覺得難受。我看過資深護士在病人過世時當眾垂淚；已經進入中年的外科醫生也會轉過臉去，不讓年輕後輩見到他臉上的淚痕。有好幾次，當我必須說些什麼時，我的聲音與心靈都已破碎。

當然，這些情形並不只限於加護病房，也同樣會發生在普通病房和急診室裡。而對那些不幸夭折或無故受到外傷而死的患者，只有極少數的醫護人員能夠淡然處之。但是對那些自我傷害造成的死亡，就會給人不同的感受。在一本討論死亡方式的書裡曾經提到，「自殺」這個字就好像一條惱人的切線，我們會有意地與謀殺自己的人分隔開來。另一方面，當自殺者在思考他的命運時，也同樣會感到自己與其他人之間有條鴻溝。他既孤單又寂寞地走向墳墓，似乎除此之外，無處可去。對那些被忽略與遺忘的人，我們很難了解他們的抉擇。

從我大女兒的身上，我看到自己對自我毀滅這件事的態度和她如出一轍。在她讀大學四年級時，有一位好朋友自殺身亡，我和妻子開了一百六十公里的路，到她讀大學的城裡，為的是親自告訴她這個不幸的消息。當時我們也不知道事情的詳細經過，只是儘可能溫和地告訴她。這件事由我啟口，我只說了短短兩、三句話。當我說完，她難以置信地注視著我們好一會兒，雙頰泛紅，淚流滿面。她感到強烈的憤怒與失落，終於忍不住失聲大叫：「這個傻孩子，她怎麼可以這樣？」確實，這就是重點——她怎能如此對待親朋好友和所有需要她的人？這麼聰慧的孩子為什麼竟會做出這種傻事，要叫我們失去她？在一個次序井然的世界裡，不能發生這種事——絕不該發生。我們所愛的孩子呀，妳為什麼不先問問我們，就自己將自己帶走了？

只要是認識那個女孩的人，都覺得這事無法理解。而置身事外、第一次見到她遺體的醫護人員，考慮的又是另外一回事，並不是同情。他們畢身致力於與疾病奮戰，急性自殺看來並不值得，會減弱他們的同情心理。這些醫護人員是局外人，對這樣的行為或是困惑，或是憤怒，但不致太悲傷。在我的經驗中，只見過少數的例外。他們對自殺者可能會感到震撼，甚或憐憫，但鮮少像對那些非自願的死者那麼難過。

醫病同謀

自殺無疑是個錯誤的抉擇，但在兩種情況下可能並不盡然，就是無法忍受的老年殘疾和已到末期的不治之症。在這裡名詞不重要，重要的是那些形容詞，因為它們正是癥結所在，不能模稜兩可，也不能是「大概」、「近乎」。這些重要字眼是：無法忍受、殘障、末期、不治。

偉大的羅馬演說家塞尼卡（Seneca）在他漫長的一生中，曾深入思考老年的問題：

> 如果老年留給我完整的身軀，我不會厭棄它。但如果它動搖我的意志，一個個摧毀我的器官，留給我的只是氣息而不是生命，我將從這腐朽顢頇的軀殼離去。只要疾病還有痊癒機會，並留給我健全的心志，我不會藉著死亡來逃避它。我也不會因為病痛而動手攻擊自己，這樣乃是戰敗而死；但我知道，如果自己已經毫無希望卻仍須忍受痛苦，我將選擇離去。並非我害怕痛楚，而是疾病已奪走我活下去的意義。

這些話真是通情達理，很少人會反對。許多風燭殘年的老年人在日子越來越難熬時會想到自殺一途，至少在那些個人信仰與自殺不衝突的人，會考慮到這個選擇。也許塞尼卡的哲學可以解釋，為何高齡白種男性的自殺率比全國平均高出五成。君不見在倫理學期刊和報紙社論上就常有對「理性自殺」的強力辯護？

其實不然。塞尼卡的主張有一個明顯的錯誤，如今充斥在各種討論自殺的言論中。其實在自殺的老年人中，有絕大部分是受到憂鬱症所困擾，而這是可以治療的。只要施以適當的藥物和治療，許多人都能擺脫絕望的愁雲慘霧和灰色想法。他們會發現死亡並不如想像的好，而脫離困境的希望也並非那麼渺茫。我不止一次見到企圖自殺的老年人走出沮喪的陰影，再次成為活力充沛的朋友。一旦他們對現實的看法不那麼絕望，生命便會再次充滿生趣，他們會了解還有人需要他們。因此，寂寞的感覺減輕了，痛苦也變得比較容易忍受。

塞尼卡的話也並非毫無是處，只是他對自殺的主張還應加上會診、協談，以及一段長時間的透澈思考。任何一個結束生命的決定，不只要能說服自己，還要說服那些關心我們的人。唯有這些條件都符合了，才可以考慮終止生命。

有一個例子是關於柏西．布瑞曼（Percy Bridgman）。他的自殺雖不符合這些條件，但是幾乎無可非議。布瑞曼是一位哈佛教授，以高壓物理的研究贏得一九四六年的諾貝爾獎。七十九歲時，他已到癌症末期，但仍然繼續工作直到無力再做為止。一九六一年八月二十日，他在新罕布夏州藍道夫市（Randolph）的夏季住處中，完成了七冊科學論述的索引。他把它送去哈佛大學出版社後，就舉槍自盡，留下了一句遺言。這句話總結了醫學倫理的爭議：「社會不應該讓人自己動手來結束生命。但今天很可能是我還有力氣採取行動的最後一天了。」

布瑞曼死的時候，心裡似乎很清楚他所做的抉擇。他工作到最後一刻，直到完成所有的計畫。我不確定他與別人做了多少討論，但這件事對他的朋友和同事並不是個祕密。因為有足夠的證據顯示，他至少事先曾告訴了一些人。他病得甚重，甚至懷疑自己將沒有力量把決心付諸實現。

從布瑞曼最後的遺言裡，透露出他很遺憾必須獨自去做這件事。有一位同事引述他的話：「我很希望自己的處境能建立一個共識：當人生的終局已經無法避免時，個人應有權利要求醫生幫他結束生命。」如果要用一句話來代表當前對這個問題的爭議，就是你剛剛才讀到的這句話。

目前所有對自殺的討論，沒有一個能略過不談醫生協助病人自殺的角色，至少沒有哪位醫生所寫的能避開這個議題。這句話的關鍵字眼是「病人」——不是指一般人，而是專指病人——並且僅限於那些想尋求醫生協助的病人。希波克拉提斯的同行們不應發展出一種特別的「接死科」，專門將病人帶至墳墓，讓良心不安的腫瘤專家、外科醫生或其他醫生遇到想離開這個星球的病人時，能夠轉介過去。另一方面，應該歡迎任何關於醫生角色的公開辯論，因為早在艾斯克拉皮亞斯（Aesculapius）這位醫神還在襁褓中時，行醫一直是個默默低調的行為。

最近，自殺突然變得時髦起來，特別是這種目前正受爭議的「醫病同謀」形式。好幾世紀以前，自殺視同犯下大罪，而且是會下地獄的重罪。這兩種態度都隱含在康德的話中：「並非因為上帝禁止自殺，它才受人憎恨；上帝禁止自殺，因為它是令人憎恨的。」

如今，事情已經改觀。時下有一批自封為討論人類受苦極限的諮商家，在他們的協助或推波助瀾下，一般人對自殺的看法已有了轉變。在一些小報或印刷精美的雜誌上，他們經常對某些被允許的自殺行為歌功頌德，好像在頌揚新時代的英雄，其中有些人彷彿真成了英雄。而這些協助別人自殺的醫界其他人士，儼然成為流行文化的聖人表徵，在電視脫口秀的節目裡，公然販售死亡，大談他們的哲學。他們極力宣揚自己無私無我的精神，好像正在接受法官的審訊。

一九八八年，美國醫學會雜誌有一篇報告，一位還在訓練中的年輕婦產科醫生，有一晚在短短幾小時內，「謀殺」了一位罹患癌症的二十歲女孩（這件事非「謀殺」無以名之）。只因為他擅自將病人請求解脫的意願解釋成尋求死亡，而且以為只有他才會答應。他為她注射了至少兩倍於合理劑量的嗎啡，然後站在她身旁，眼見著她的呼吸「漸漸不規則，終至停止」。過去，自命拯救者的他從未見過這名患者，但這並不能阻止他去做這件事。他甚至還將整個過程的細節公諸於世，自詡為善行義舉，通篇充斥著他那令人作嘔的自信。希波克拉提斯會為此顫慄，而他的現代傳人們內心悲泣。

美國的醫生們很快便對這位年輕婦產科醫生的行為達成一致譴責的共識。三年後，他們對另外一個截然不同的案例表現出了不同的反應。那是紐約羅徹斯特一位內科醫生，在《新英格蘭醫學期刊》上發表一篇文章，描述一位叫做黛安妮的病人。在她要求下，他刻意使用巴比妥鹽（barbiturates）來協助她自殺。黛安妮有一個在大學讀書的兒子，她有很長一段時間是提摩太．奎爾醫生（Timothy Quill）的病人。三年半前，奎爾醫生診斷她患了一種非常嚴重的血癌。她的病情逐漸惡化，直到「骨骼疼痛、虛弱、倦怠和發燒澈底支配了她的生命」。

黛安妮拒絕接受化學治療，那只有一點點機會能終止癌症的致命攻擊。在患病初期，黛安妮就告訴奎爾醫生和其他的會診醫師，她害怕治療只會使她失去對身體的控制，更甚於對死亡的恐懼。奎爾醫生靠著同事的協助和格外的同情，好不容易才慢慢地、耐心地接受了黛安妮的決定，認同了她的立場。奎爾醫生逐步體認到，他必須協助病患加速邁向死亡。他所做的困難決定是一個範例，顯示出當一個意識清楚的末期病人，經過理性思考決定選擇死亡，而協談者也能認同這個決定時，他的醫生轉而支持患者達成心願的過程，會使得醫病關係更加深化。以後，當醫生在面對那些願意做此選擇的患者時，奎爾醫生的處理方式（在一九九三年出版的書中，有詳實精闢的敘述）將成為醫學倫理的參考指標。類似那位年輕婦產科的醫生們以及發明自殺機器的人，都應當好好跟黛安妮和奎爾醫生學習。

自我謀殺與自求死亡

奎爾和那位婦產科醫生在協助患者自殺時，是兩種相反的模式——一個是理想方式，另一個卻令人畏懼。醫學界和其他人士在這件事上的角色定位曾有激烈爭辯，也有許多不同的意見，我樂見這場爭論能持續熱烈討論下去。

在荷蘭，社會大眾已經對安樂死達成共識，並且草擬了處理原則，使有行為能力並且充分了解情況的病患，能在詳細規範下實現死亡的願望。醫生通常是使用巴比妥鹽使病人深深沉睡後，再注射肌肉麻痺的藥物使呼吸停止。荷蘭改革宗教會對此事的態度，刊載在〈安樂死與牧師〉（Euthanasie en Pastoraat）一文中。也就是當疾病使生命變得無法忍受時，他們不反對患者自願結束生命。在文中，教會人士小心翼翼地選擇字眼，想突顯出安樂死與一般自殺的差異。他們對一般自殺用的是「zelfmoord」（self-murder，自我謀殺），而用來代表安樂死的則是「zelfdoding」，或許可以譯為自求死亡（self-deathing）。

雖然執行安樂死在荷蘭名義上還是不合法的，但是只要醫師執行時符合處理原則，就不會被起訴。這些條件包括病人在不受強制的情況下，多次請求終止精神和身體上的巨大痛苦，並且這痛苦是來自無法治癒的疾病，也沒有其他方式可以獲得解脫。除此之外，所有替代方案都必須已被試過或被拒絕。在這個大約一千四百五十萬人口的國家裡，每年約有二千三百人接受安樂死，占所有死亡案例中不到一%。絕大部分的安樂死，是在病患家中施行。有趣的現象是，醫生拒絕了多數要求安樂死的病人，因為他們不符合條件。

「置身其中」是這件事的要素。在荷蘭，到病患家中出診的家庭醫師是提供基本醫療照顧的人。當一位末期病患要求安樂死或請求醫生協助他自殺時，不會去找一位專家或死亡學家來協談。他很可能會去找一位已經認識了好幾年的醫生，就像奎爾和黛安妮那樣。即使如此，仍然需要其他醫生的會診和認可。一九九一年七月，羅徹斯特大陪審團很可能就是基於奎爾醫生與黛安妮之間長久而深入的關係，才決定不起訴他。

在美國和其他民主國家，宣揚不同觀點的重要性並不在於最後可能達成一致共識，而在於體認到可能沒有共識。藉著各種不同意見的討論，我們才會在下決定時有多重考慮，其中有許多是我們自己深思熟慮也想不到的。但個人的決定與公開的辯論不同，是在別人不能進入的良知範圍內進行。確實應該如此。

有一個叫長青樹協會（Hemlock Society）的組織，卻闖入了這個領域。我無意在此大開辯論庭，批判這個善意而獨立的團體。一般說來他們都是有識之士，只是行事的方式大有問題，公開幫助病患執行在判斷力減退時所做的自殺決定。我也無意在此對長青樹協會的創辦人德瑞克．韓福瑞（Derek Humphry）誤導別人的方式表示輕蔑。他曾在媒體焦點下，促銷他那本不高明的死亡食譜《最後出路》（*Final Exit*）。任何人在對《最後出路》這本書下結論前，都應注意一項驚人的統計。美國政府的疾病管制中心在一九九一年所做的調查中發現，在一萬一千六百三十一名高中生中，有二七％曾經在過去一年中，認真地考慮過自殺，而其中每十二人就有一人確實企圖自殺。每年有超過五十萬的美國青年企圖自殺。此外，還要加上許許多多有此意圖但是未被發現的人。

一九九二年六月，有兩位在耶魯兒童研究中心工作的精神科醫生，寫信給《美國醫學協會期刊》，提到「由於書中可怕的範例、明確的指示及對自殺的大力鼓吹，《最後出路》可能對青少年有非常惡劣的影響。因為在青少年中，本來就有高比例的人曾企圖自殺或自殺成功，他們又容易模仿，容易受到文化中推崇自殺或不以自殺為罪惡的主張所影響」。

憂鬱症、慢性病人週期性的沮喪，以及社會中部分人士對死亡的迷戀，都不足以合理化教人自殺、幫人自殺或祝福人去謀殺自己。當一個人判斷力減退時，他就不能對結束自己生命這麼重大的事情做決定——這點無庸置疑，連新近大力主張所謂「理性自殺」的倫理學家也不會反對。正如奎爾醫生所指出的，韓福瑞的死亡入門書一點也不能解決安樂死和協助自殺在道德、倫理和個人方面的難題。所有關於人類生命的討論，都不會出現一致的答案，但是應有一致的態度，就是包容和探究的態度。除了前面述及的處理原則，如果我們還希望在做決定時有一些準則，恐怕很難如願。在沒有更好的方法前，奎爾醫生的方式——同理心、從容的討論、會診、質疑，以及有挑戰性的假設——將是最好的方法。

難看的死法

韓福瑞的哲學雖然該受譴責，但他的方法卻不然。這個現在已經廣為人知的方法，就是在吞下大量安眠藥後，立刻將頭包在一個密不透氣的塑膠袋內。這個方法正如他所宣稱的十分有效，但是生理機轉並不完全像他所說的。因為袋子很小，早在反覆呼出的二氧化碳產生作用前，氧氣就用盡了。大腦很快就喪失功能，不過真正的致死原因是低血氧造成心率過慢，隨即發生心跳停止，也不再有血液循環。這時可能會出現一些急性心臟衰竭的症狀如心室收縮速率減慢，不過很難分辨出來，因為臨終過程很快就結束了。有些人以為會發生痙攣或嘔吐在袋內，但即使曾經有過，也非常罕見。康乃狄克州的法醫主任韋恩・卡威爾醫生（Wayne Carver）曾見過許多以這種方式自殺的人。據他所說，這些人的面孔既不發青也不腫脹。事實上，他們看起來跟平常沒什麼兩樣——只是已經死亡了。

每年大約有三萬個美國人自殺成功，其中大部分是年輕人。這個數字當然只顯示了能確定死因是自殺的人數，因為自殺仍然被視為不名譽的行為，所以家屬和當事者常常會設法掩飾真相。有些死者家屬會要求有同情心的醫師在死亡診斷上改寫別的死因。前面曾經提過，高齡男性每千人中有最高的自殺率，主要是因為受不了身體疾病、孤單，並且容易有憂鬱症的傾向。

絕大部分自殺者仍然採用老方法，如槍擊、刀傷、上吊、服藥、瓦斯，或同時使用數種方法。一些計畫不周的自殺往往會弄得很難看，特別是那些情緒失控、發狂的人所做的。有些自暴自棄的人會拚命嘗試，直到成功為止，所以被發現時身上常常有割傷、槍傷，再加上最後的服毒或上吊。當塞尼卡最後要自盡時，並非出於自願，而是他學生尼祿王的命令。你可能會認為，他對這死亡課題思考多年，必然也是方法專家。事實卻不然。他是著名的政治家，但對人體所知不多。當他要自盡時，先用一把短劍劃破手臂動脈，但是失血的速度不夠快。於是他又切斷雙腿在膝的靜脈。這還不夠，又吞下毒藥，但是還是沒有死成。根據泰西塔斯（Tacitus）的記載，最後「他被放入滾燙的浴池，吸入熱氣窒息而死」。

巴比妥鹽是現代的自殺藥物，有幾種方式使人致命。它會造成深度昏迷，當頭部下垂至某個姿勢時，就會阻塞上呼吸道，使空氣無法進入，也可能吸入嘔吐物而窒息。高劑量的巴比妥鹽還會使動脈管壁肌肉放鬆，血管擴張，使血液蓄積而導致循環不足。在高劑量下，它還會抑制心肌收縮，使心跳停止。

除了巴比妥鹽，還有一些可以致命的藥物如海洛因。它和其他靜脈注射的麻醉劑一樣，會迅速引起肺水腫而使人喪命，只是它造成肺水腫的機轉還不清楚。氰化物會抑制體內的一個生化反應，使細胞無法利用氧氣。砷會使許多器官受損，但是它致死的主因是引發心律不整，有時還會造成昏迷和痙攣。

當一個人企圖自殺，將管子一端連於汽車排氣管，自己則在另一端吸氣時，是利用血紅素對一氧化碳的親和力要比對我們賴以維生的氧氣高出二百至三百倍。一氧化碳會和氧氣競爭，使病人死於腦部和心臟缺氧。含一氧化碳的血紅素會使血液的顏色更鮮紅，很弔詭地使血液看起來比正常狀態下更有活力。因此，死於一氧化碳中毒的人皮膚和黏膜會出現明顯的櫻桃紅，而不像一般窒息的人會有典型的發青。這會使人誤以為病患雙頰紅潤、仍然健在，殊不知他已經死亡。

上吊也是類似的情形，只是過程不太溫和。上吊時，身體的重量足以將活結綁緊，使上呼吸道發生機械性阻塞。呼吸道的阻塞可能是由於氣管受到壓迫或發生骨折，也可能是由於舌根上移，阻斷了空氣進入。緊縮的活結還會使頸靜脈以及其他靜脈的回流受阻，造成缺氧血蓄積在臉上和頭部的組織中。因此，當一個浮腫怪異的上吊屍體被發現，腫脹灰青的臉上有時會見到舌頭突出，雙眼恐怖地暴出，使人如見夢魘。只有最鐵石心腸的人才能無動於衷。

在執行絞刑時，行刑者會儘量避免受刑者發生窒息，但還是會有失手的時候。一般是將活結恰好置於受刑者下顎弓的地方，然後突然下墜一至二公尺，使顱骨底部的脊柱發生骨折脫臼。脊椎斷裂為兩半，立即成休克和呼吸停止，即使受刑者沒有立即死亡，整個過程也非常快速，只是心跳仍會持續數分鐘之久。

不論是蓄意或意外發生的阻塞性窒息，如煙霧或梗塞窒息，都與上吊自殺的過程差不多。著名的「餐館冠心症」（caf coronary），就是非自殺性梗塞的例子。它常發生在酒醉後，一大塊食物突然堵住氣管，使受害者喘不過氣來。他會顯得非常驚恐、激躁，血中二氧化碳跟著升高，還會緊緊抓住自己的喉嚨和胸膛，很像心臟病突發的樣子（這就是稱作餐館冠心症的由來）。因為不好意思在眾人面前嘔吐，他會衝向廁所，想要吐出塞在氣管裡的東西，卻慌亂地弄不出來，一直掙扎到死。一起進餐的人目睹這個突發狀況，往往驚訝得目瞪口呆，不知所措。萬一意外是發生在家裡或獨自一人的時候，受害者可能就活不成了。但是若發生在公眾場合，並且有人會用哈姆立克急救法（Heimlich maneuver），或許能救他一命。

如果食物塊始終弄不出來，受害者就一直無法呼吸。這時，會產生心跳加速、血壓上升。血中二氧化碳濃度迅速升高，稱作高碳酸血症（hypercarbia）。高碳酸血症會使受害者極度焦慮，而血氧降低則使他臉色發青，甚或發紺。他拚命想將空氣吸入阻塞的氣管，往往只會使東西越卡越緊。就像上吊的情形一樣，他也會意識喪失。有時腦部缺氧和血碳酸過多還會引發痙攣。在很短的瞬間內，他就從拚命掙扎變成呼吸越來越弱、越來越淺。而心跳也跟著變得不規則，終至停止。

基本上，溺水也是窒息的一種，口鼻都被水堵住。如果是為了自殺，溺水者往往不會抵抗水分吸入。但如果是意外落水（這種情形較為常見），溺水者常常會努力悶氣，直到太虛弱且血中二氧化碳過高而無以為繼為止。這時候，呼吸道中包括肺部都充滿了水。溺水者若在接近水面處不停掙扎，會吸入許多空氣，形成泡沫。這些泡沫會形成一種障壁，並且泡沫和水進入呼吸道中，還會引發嘔吐反射，使情形更為不利，因為酸性胃容物倒流至口腔後，便有可能被吸入氣管中。

如果是在淡水中溺水，所吸入的水會經由肺部進入血液循環，使血液被稀釋，進而破壞血液中物理、化學成分間的精密平衡。紅血球也會因此受到破壞，放出大量鉀離子到血液中，對心臟產生毒性，引起心臟纖維性顫動。如果是在海水中溺水，情況正好相反。血液循環中的水分會被吸出而進入肺泡，造成肺水腫。在游泳池中溺水也可能會發生肺水腫，這是因為氯對肺臟組織會產生化學刺激作用。

當溺水時，人的求生本能會阻擋水分吸入，但是只能維持很短的時間。當第一口水進入氣道，咽喉會發生反射性收縮而關閉起來，極力防止更多的水分進入。但是兩、三分鐘後，體內的血氧降低就會使關閉的咽喉放鬆，造成水分一湧而入。這就是所謂「最後喘息期」（terminal gasp phase），會吸入大量水分。在淡水中所吸入的量，甚至可高達血液總量的五〇％。

沒有生命的人體比水沉重，而且以頭部的密度最高。因此，溺水者的屍體通常是頭部向下沉入水底，並且會維持這個姿勢，直到屍體腐爛使組織中產生許多氣體，形成浮力，使屍體浮到水面上。整個過程約需數天至數週，端視溫度和水況而定。當遺體浮上水面，看到的人會大為驚駭，難以相信這個腐敗的東西裡曾經內含人類靈魂，並且曾與其他健康的人一同分享過自然所賜予的空氣。

在美國，每年約有五千人死於溺水，其中四〇％和酒精有關。除了自殺或他殺的情況，它大半發生得很突然，之前也沒有警訊。雖然如此，絕大部分的溺水者或多或少該知道這個可能，因為它往往發生在靠近深水的地方。另外，每年大約還有一千個美國人受到電擊而死，他們幾乎從未想到過會發生這種事，包括在高壓設施附近工作的人。電擊休克最常見的死因是由於電流經過心臟，引起心室纖維顫動。而心室顫動或心跳停止也可能是因高壓電流經腦部的心臟中樞所造成。若腦部的呼吸中樞受到破壞，則會造成呼吸停止。雖然大部分電擊傷害死亡是發生在高壓電纜附近工作的人，但每年仍有許多兒童與成人是在家庭中發生電擊意外。

他殺、自殺和意外傷害都經由各種不同方式奪走我們賴以維生的氧氣供應。不論我們如何詳述原因和生理反應，都很難將外傷死亡陣營中的兵士全部點名。對臨終安寧、瀕死經驗或協助自殺的簡短討論，只不過想拋磚引玉，提醒大家關心這個近來受到注目的議題，在眾多值得關心的課題中再添一筆。它不只需要關心，還需要細究；不只是哲學家與科學家的事，而是與我們每個人都息息相關。只是，任何觸及死亡的事，在醫學與道德考量上往往是南轅北轍，使我們很難兩者兼顧。

Chapter 8

A Story of AIDS

一則愛滋病的故事

「叫我以實瑪利。」她想起這句反諷，不禁微笑，眼帶憂思地望著我身後那間病房。一個年輕家庭的父親正躺在病房中，逐步朝死亡邁進。（編按：以實瑪利是《舊約聖經》中，亞伯拉罕與使女夏甲所生之子，後被放逐，引申為被社會摒棄的人。）

「只不過是四個月前的事，卻像一生那麼長，真的。那天我走進診所，他就在那，坐在小房間裡，等著一位前來助他一臂之力的偉大醫師。那位醫師就是我。『早安，賈西亞先生。』我說，帶著初任醫師者應有的輕鬆而朝氣十足的口吻。他跳了起來，這位臉上漾著燦爛微笑、身材矮小的西班牙裔仁兄。他說：『叫我以實瑪利。』想像一下！我猜他沒讀過那本書。梅爾維爾的以實瑪利幸而存活，我的以實瑪利卻從無機會。他將在幾日後撒手人寰，可是我一輩子都將記得他。」她暫時打住。我看得出她接下來要說的話卡在喉嚨裡，難以啟齒，因為當她終於說出口時，聲音嘶啞……「他是我第一位患有這種該死疾病的病人。」

自從伊希瑪．賈西亞（Ismail是西班牙名字，轉成英文就成了Ishmael，以實瑪利）由椅子中躍起、伸出手掌與瑪莉．狄佛醫師握手的那個夏日午後起，危機接二連三而至，兩人也都有異於既往的巨大轉變。儘管狄佛在醫學院時見過不少愛滋病患，但她一直無法全盤了解這種疾病對個人所造成的全面性傷害有多嚴重，直到她畢業後承擔起醫師這份令人誠惶誠恐的責任。

從他第一次出現在愛滋病診所那個晴朗無雲的七月午後，到她注定要宣布他死亡的那個陰冷灰暗的十一月早晨為止，狄佛與以實瑪利都是醫病關係。不論是住院或門診期間，他都把她當成他的個人醫師。偶爾當狄佛輪調其他工作時，其他醫師會短時間負責照顧他，但他們總會再碰頭，繼續這段雙方都預知結果的慘澹旅程。

大多數醫師在受訓初期都會與病人發展出某些關係，這往往成為之後職業生涯應付疾病與死亡的標準模式。對狄佛而言，賈西亞彷彿再現了現代醫者未曾見過的古老景象，對傳染病造成人類英年早逝的無力感。

一九八一年以前，沒有人會把ＨＩＶ（人類免疫缺乏病毒）列入死亡因素之列。這種疾病首次出現時，正值生物醫學開始慶祝，以為征服最後一種傳染病已是指日可待。愛滋病不僅使微生物的獵捕者感到苦惱，也動搖我們對科學與科技可使人類躲過大自然隨興之舉的信心。在短短幾年內，幾乎每位受訓的年輕醫師都在治療他或她分內那些本該存活卻生命垂危的患者。

雖然以實瑪利根本聽不到我們可能發出的任何聲音，但狄佛醫師與我還是悄無聲響地步入他的病房。此舉並非必要，而是出於對他的尊重。當人臨死之際，他的房間頓時成了一座教堂，理當帶著敬意安靜入內。

這一幕與一般病人垂死前，醫護人員竭盡所能企圖將病人由鬼門關拉出，再度過數月數週，甚或數日數小時待死歲月的場景，大相逕庭。在以實瑪利難以計次地陷入高燒及語無倫次的深谷後，終於昏迷；這倒也妥當，至少最後一刻是不該被打擾的。

病房上方的照明燈已經關上，百葉窗將秋日正午的陽光擋在窗外，使整個房間籠罩在柔和的日光中。床上無意識的男子發著高燒，額頭上泛黃的皮膚與新換的雪白枕頭套形成強烈對比。就他受病魔蹂躪的病容看來，一度應是相當俊美。

我看過以實瑪利的病歷，也知道在他臨終時刻，這份靜謐將會被醫護人員全力急救的努力所打破。幾個月前，以實瑪利在感到恐怖的一刻，曾要求妻子注意醫師們確實盡一切可能保住他的生命，而且她也不能准許醫師們放棄。而今，卡門無法相信愛滋病小組所告知她的，所有可行之道皆已無效。她堅持不會輕易放棄的承諾，抱持著她的丈夫靈魂未死的信念。

雖說以實瑪利病前三年已與妻子分居，但在法律上，她仍是他的最近親，也是他家族的發言人。事實上，她只站在自己的立場發言，因為卡門與丈夫已堅決把診斷當作兩人間的祕密。以實瑪利的雙親與兩位姊妹都不知道他的病名。即使他們知道，也從未提起。

在卡門了解以實瑪利病情嚴重後，她讓他回家，而且將他多年的不忠與毒癮，甚至是不負責任到導致她與三名女兒陷入幾近赤貧的窘境，皆置於一旁。他回家後，她成了他的護士，也是唯一了解他最終結果的家人或朋友。她說，儘管如此，他仍是位好父親，在這方面她欠他甚多。看在三個女兒與曾經共同生活的分上，她允許垂死的丈夫回家。

在以實瑪利的時候來到時，卡門拒絕讓他撒手歸天，堅持她是幫他最後一個忙，畢竟她相信這是她對他的承諾。她不願意與醫師討論為何她不聽他們的論點，也沒有人忍心強迫她這麼做。據他們告訴我，他們猜測在她意識的底層，以實瑪利對女兒的關愛，使卡門對自己拒絕放蕩的丈夫，以及對他間或表示悔改的言語故不作答，感到莫名的罪惡感。小組人員於是與我們醫院的生物倫理委員會主席會診。然而當他們告訴主席，急救可能成功時，他又無法強迫卡門改變心意。這種情況下，誰知道該怎麼做？

以實瑪利從未單獨在病房中。三位女兒總是透過窗臺旁懸掛的那張九十乘六十公分放大照片的相框，俯視他們敬愛的父親。這三位捲髮的漂亮女孩，身著宴會服，對著他們遠較今日快樂的父親及全世界微笑，我指著照片，無言地問狄佛一個問題。

「沒錯，」她說，「大的兩個幾乎天天來，但卡門從不帶老么來，六歲的那個只會獨自在床腳邊玩，她還不怎麼懂事。十歲的那個一直哭，她在這裡時，每分鐘都站在父親床邊，撫摸著他的臉，忍不住不哭。當他們來時，我都儘量不來這病房，我無法忍受。」

小孩照片下方有一本西班牙文《聖經》，翻開至詩篇二十七至三十一篇，其中幾節由各種不同顏色的筆做記號。我抄下其中幾節，回家後查：

二十七：九　不要向我掩面，不要發怒趕走僕人，你向來是幫助我的，救我的神啊，不要丟掉我，也不要離棄我。

二十七：十　我父母離棄我，耶和華必收留我。

二十八：六　耶和華是應當稱頌的，因為他聽了我懇求的聲音。

我突然想到，以實瑪利就是希伯來文的「主已垂聽」。這個名字源於上帝在荒野中發現在女主人撒拉盛怒下出走的女僕夏甲時所說的話：「你如今懷孕要生一個兒子，可以給他起名叫以實瑪利，因為耶和華聽見了你的苦情。」上帝在井邊發現這對母子，祂隨後為這口井取了個名字，表示他們的困境，即「庇耳拉海萊」（Be'er-la-hai-roi，看顧人的永活者之井）。

當《聖經》中的以實瑪利十四歲時，上帝再次看到與聽到他，而這次祂回答的是少年本身的聲音，將他由荒野中隨時可能死亡的困境中拯救出來，並允諾使他的後裔成為大國（即阿拉伯）。

然而，上帝似乎未曾聽見躺在床上的這位以實瑪利的聲音。祂不僅耳未聽，似乎眼也未視。儘管祂察覺他所愛之人的折磨，卻未見祂採取行動。就這點而言，以實瑪利就如同約伯。上帝在約伯受苦受難時，起初不僅不理不睬，而且保持緘默，彷彿選擇了耳聾目盲。若上帝聽得賈西亞的懇求，或看見他的痛苦，祂也未曾回心轉意。祂在面對這個該死的疾病時，未曾回心轉意。

我寧可相信上帝與此事無關。我們正目睹大自然毫無意義、史無前例也不是什麼隱喻的大災難，儘管許多人對最後一點持相反的意見。許多教會人士也同意，上帝在這方面並未扮演任何角色。荷蘭改革教派主教們對惡魔是否捲入無法解釋的人類苦痛這個陳年老問題態度明確，在之前提過的〈安樂死與牧師〉一文中表示：「事物的自然法則不必然等同於上帝的旨意。」他們的立場與相當多基督教及猶太教各宗派牧師相同；任何較此更不寬容的立場都是無情的，而且對遭受太多試煉的人們而言，是進一步的打擊。愛滋病有許多地方仍待學習，但其課程在於科學與社會領域，而非宗教所能闡釋的範圍。我們所應付的並非懲罰，而是一種罪，一種大自然偶爾對其創造物隨機所犯的罪。就如同法國左派小說家安納托爾・法朗士（Anatole France）提醒我們的，大自然是不區分善惡的。

困惑的浪子

愛滋病所教給我們的，遠超過臨床事實所揭露者。雖說此話幾乎適用於各種疾病，但用在愛滋病上更為貼切。然而，不論愛滋病的文化與社會意涵為何，在揭露愛滋病如何置患者於死地前，必須了解若干愛滋病在臨床及科學上的表徵。以實瑪利．賈西亞就是最典型的個案。

一九九〇年二月，以實瑪利血液檢驗首度對HIV呈陽性反應。他是因左前臂一個開放性傷口一直無法癒合而前來耶魯新海文醫院求診，而血液檢驗正是為了評量傷口為何無法癒合。造成感染的原因幾乎確定是他注射毒品的習慣。他除此之外並未覺得不適，傷口在幾次門診以抗生素治療後也迅速消失，結果他在得知陽性反應的那次門診後，就再也不做追蹤約診了。一九九一年一月，他開始乾咳，且數週間慢慢惡化。在咳嗽日益惡化的同時，以實瑪利胸部出現壓迫感，咳嗽或吸氣時尤為嚴重。在情況日益走下坡後一個多月，他開始對兩種新出現的症狀感到恐懼：高燒以及連少量活動都可造成的呼吸急促。當他發現自己連在新海文郊區小房間中走路時都感到呼吸急促，他知道該是上醫院的時候了。

在急診室所照的胸部X光片顯示，以實瑪利肺部廣泛地瀰漫著薄薄的白霧，代表著因某種感染使血液無法充分與氧結合的廣大區域。動脈血液分析顯示，氧氣含量異常低，反應出受感染的肺組織吸取不足。當住院醫師望進這位發高燒病人的嘴裡時，他看見每位新的愛滋病患都會呈現的病灶——以實瑪利的舌頭覆蓋著一層鵝口瘡的乳白色菌狀腫。

胸部檢驗結果與愛滋病最常見的一種肺炎一致。這種肺炎是由一種稱為肺囊蟲菌（*Pneumocystis carinii*）的寄生蟲所引起。以實瑪利於是住院，醫院把一種稱為支氣管鏡的蛇狀檢視裝置伸進他的氣管底部，採集小部分樣本以供培植與顯微鏡研究之用，研究發現肺囊蟲菌的緊密球狀結構。醫師給他抗黴菌藥物以治療鵝口瘡，以及一種專治肺囊蟲肺炎的抗生素（稱為pentamidine），慢慢地，他康復了。以實瑪利住院期間，發現患有貧血，而且白血球過低。儘管他堅持自己吃得不錯，但他稱得上營養不良——血液中的蛋白質逐日減少。量體重時，他赫然發現一向穩定的六十三公斤竟少了兩公斤。然而，最壞的消息卻是他尚無法了解的：感染ＨＩＶ的指標細胞，即Ｔ４（或ＣＤ４）淋巴球的數量降到每立方毫米一百二十個，遠低於正常標準。

以實瑪利是否遵從出院指示服用藥物，以預防當時已知叫做肺囊蟲肺炎的進一步病症，不得而知。很可能沒有，因為當他十一個月後，也就是一九九二年一月再度就診時，症狀與當初類似，且情況更糟。這次他主訴還多了頭痛、噁心及頭暈。脊髓液評量顯示，他患有由一種稱做新形隱球菌（*Cryptococcus neoformans*）的酵母菌狀微生物所導致的腦膜炎。醫師同時發現他的右耳有細菌感染，但因為他心智狀況過於迷亂以致並未察覺。他的ＣＤ４已降至五十，表示ＨＩＶ正迅速破壞免疫系統。以實瑪利差點就死於三種感染的合併症狀，但耶魯新海文愛滋病小組妙手回春，將他由鬼門關前拉回。住院三週後，他又能回到卡門與三位女兒的身旁，累積了一萬二千美元的醫療費。由於他在注射毒品被工廠炒魷魚後早已喪失健康保險資格，這筆開銷遂由康乃狄克州政府負擔。

一九九二年七月初，截至此時已謹慎繼續就診的以實瑪利，左腋窩出現一大塊疼痛異常的膿腫，必須動手術引流。他在這次就診時初識瑪莉・狄佛。她將在未來幾週負責在他門診時治療鼻竇炎及另一次的耳部感染，在這期間，以實瑪利的膿腫亦告痊癒。

正當以實瑪利的細菌性疾病康復之際，他再度發現常頭暈目眩，有時甚至無法保持平衡。在這些症狀出現不久後，他的記憶力開始衰退。卡門也察覺，他有時連單句都無法理解。這些症狀在一個月內急速惡化到大部分時間都感覺頭暈、想睡。儘管卡門對醫師們由衷感激，但她屈服於他的懇求，未將他送至急診室。她和以實瑪利兩人都對再度住院的含意感到害怕。他的體重現在下降得更快，而且他們心裡有數，只要住進醫院，他可能再也回不了家。

當卡門一日早晨醒來，發現丈夫的病情已嚴重到不得不送醫後，她終於打電話叫救護車。那時候，以實瑪利幾乎已陷入昏迷狀態，他的左手臂無法控制地抽動，對旁人在耳邊喊叫的命令也無法回應。有時候，他整個身體左半部會短暫地痙攣，一次電腦斷層掃瞄顯示，各種發現與一種由稱為弓漿蟲（Toxoplasma gondii）的原生動物所引起的腦部感染相吻合，不過血液測試並未證實這種診斷。圖片很明顯，顯示腦部兩側有許多小團狀物。類似的異常現象常可在患有淋巴瘤的愛滋病患者中發現，但以實瑪利的症狀看起來更像弓漿蟲感染病。

此刻，醫療小組決定，雖然診斷無法完全確立，但最安全的方式是著手進行弓漿蟲感染病的治療，因為愛滋病患者出現這種病的機率較淋巴瘤為大。在兩週的藥物治療僅有些微的進展後，以實瑪利被送進手術室，由神經外科醫師在他的頭骨上鑽一個洞，取出一小塊腦組織以供活體組織檢驗。顯微鏡下無法辨別腦中的微生物為何，但出現了一些變化，病理學家相信那就是由弓漿蟲引發的疾病痊癒後所導致的。這一點鼓勵愛滋病小組在診斷仍有部分不確定的情況下，繼續他們的治療。然而，不到一週，以實瑪利的病情明顯惡化。由於無法辨識出絕對的弓漿蟲，愛滋病小組中對此診斷有異議的成員提議以雷射治療另一種可能，即腦部淋巴瘤。在HIV出現前，腦部淋巴瘤極為罕見，但現在愛滋病患常患有此病。

起初以實瑪利在接受X光治療時，能由深沉的昏迷狀態中局部清醒。甚至一度他還能吞下卡門或護士用湯匙餵入他口中的乳蛋糕或濃湯一類食品。可是好景不常。他再度陷入昏迷，每日最低體溫升到三十九度多，且除了一些性質難辨、甚至有抗治療性的全身感染，他還患有細菌性肺炎。這就是那個十一月正午，我和狄佛站在以實瑪利床邊時，他的情況。

雖然以實瑪利已是毫無知覺，但他的表情顯得相當困惑。或許他隱隱約約知道自己正努力將空氣送入或運出受感染的肺部，或者是輸送到他奄奄一息的組織中的氧氣正日漸減少。他得了敗血病，整個生命機制開始失去功能。也或許他臉部困惑的表情與喘不過氣的組織所帶來的生理疼痛毫無關係。可能他內心正試圖表達，他已疲於繼續，他想死，卻又不能。不過，他真的可能渴望死亡嗎？每次掙扎都可以再一次獲得與女兒見面的機會，難道這種痛苦不值得嗎？沒有人知道，為何垂死的人會有他們那種表情；又或許痛苦的表情與寧靜的外表一樣不具意義。

以實瑪利的苦痛在隔日早晨結束。卡門因感到死亡的迫近，已向新海文一家厚紙板箱工廠告假一天，坐在他病榻旁，眼見他的呼吸慢慢地越來越長，直到完全停止。儘管醫護人員未曾再找卡門討論，卡門前一晚已告訴狄佛，不需急救，她看得出自己已信守對丈夫的承諾，已盡人事。當以實瑪利呼吸停止時，她步出病房，通知那位早上大部分時間坐在她身旁的護士。然後，卡門做了件她在以實瑪利在世時一直拒絕做的事——要求接受HIV檢查。

來歷不明的時代新病

在我所屬的美國東北部，愛滋病已是二十五歲至四十四歲男人的主要死因。在這地區中，這個年齡層因街頭暴力、嗑藥及幫派械鬥死於非命，以及從小在赤貧與絕望中長大，都是都市環境中人人熟悉的部分。一個人該如何從這種苦痛中尋得意義？事實上此地既無智慧，也無道理可說教。愛滋病是隱喻，愛滋病是寓言，愛滋病是象徵主義，愛滋病是悲嘆，愛滋病是對人性的測試，愛滋病是萬物受苦的縮影……是這些研究消耗了今日文人與道德家的知性能量，彷佛必須不計代價由這種苦痛中提煉出某種良善的東西。但即使歷史亦棄我們於不顧，愛滋病與既往疾病之間找不到類似性。

「從未有一種疾病具有愛滋病一般的摧毀力。」我這句話的立論基礎在於它令人害怕的病理生理學層面，而非病程爆裂性的本質及遍及全球的傳染力。在此之間，醫學從未遇到一種生物，足以摧毀專司身體對抗入侵物的免疫系統細胞。免疫系統還來不及防衛，即遭大量接續的侵略者擊敗。

愛滋病連開端都與其他疾病不同。目前已有足夠的流行病學證據來推測愛滋病可能的起因，以及較能壓抑傳染力的途徑。部分研究者認為，這種病毒從前形式異於現在，是某些中非洲靈長類所特有的，但因其在靈長類動物體內不是病原，所以不會導致疾病。很可能受感染動物的血液和當地村落一位或數位居民的皮膚或黏膜組織傷口接觸，這些人再傳染給周遭的人。提出這個理論的人根據他們的數學統計，第一次靈長類動物與人類傳染可能早在一百年前發生。由於當時社區間鮮有互動，這種疾病由假設的起源村緩慢地向外蔓延。在二十世紀中期後，文化模式開始轉變，旅遊風氣興盛，加上更為都市化，蔓延的速度急速加快，一旦一大群人受到感染，病毒藉著國際旅遊散布全世界。愛滋病可說是種噴射推進式的疾病。

早在愛滋病公開宣告有案例出現前，這種病毒已在數千名還沒被認定是危險群的人之間蔓延開來。首先暗示新疾病到來的，是疾病控制中心發行的《病態與死亡週報》（*Morbidity and*

Mortality Weekly Report）於一九八一年六月及七月刊出的兩篇短文。這兩篇文章敘述在紐約市及加州四十一位年輕男同性戀者身上發現兩種極為罕見的疾病。其一為肺囊蟲肺炎，其二為卡波西氏肉瘤（Kaposi sarcoma, KS）。當時並不知道肺囊蟲是導致免疫系統不全的人生病的元凶。雖說紀錄上也有少數先天免疫不全的例子，但之前每個公布的肺囊蟲肺炎個案，幾乎都發生在接受化學治療、飢餓，或因器官移植而壓制免疫系統的病患身上。而在這些男同性戀者身上出現的卡波西氏肉瘤，更是前所未見、最為激烈的變種。由四十一位接受血液T淋巴球檢驗的病患可發現，他們的T淋巴球數目明顯減少。T淋巴球是身體免疫系統主要支柱之一。一些尚不知悉的因素大量摧毀這種細胞，嚴重危及這些年輕人的免疫系統。

幾個月內，又有幾份期刊談到相似的案例，並稱作同性戀相關免疫不全症候群（gay-related immunodeficiency syndrome，或稱GRID）。傳染病專家紛紛透過醫學會議、信函及電話，互相告知所遇見的類似病患。到了十二月，《新英格蘭醫學期刊》社論版讓人摸不著頭緒地登了一篇簡單的聲明，不僅已抓到問題的面向，也敏銳地預先看出，目前需要進行的研究架構與應該要大聲疾呼的社會意義何在：

> 目前的情勢是個必須解決的難題。它的解決之道對許多人而言，可能饒富趣味且極為重要。科學家（以及純粹好奇者）將會問，為何是這特定族群？關於免疫及腫瘤的生成，這又透

露了什麼？研究公共衛生議題的學生可能想由社會的角度來審視此疾病的爆發。一向活躍而且對相關健康議題消息靈通的同性戀組織，想的是採取若干措施來教育及保護所屬會員。至於人道主義者只希望預防不必要的死亡與痛苦。

儘管這篇社論的主筆，杜克大學的大衛・杜瑞克（David Durack）醫生可能不知道，但當時全球已有十萬人受到感染。

截至此時為止，已由患病年輕人的組織中辨認出十多種微生物，而其中大多數只能在嚴重受抑制的免疫系統中繁殖。據發現，免疫反應受影響的部分是依賴T淋巴球的部分，這一點由血液中T4或CD4細胞數目大量耗竭得到證實。由於受壓抑的免疫系統提供平時良性的微生物作亂的機會，因此這種疾病稱為機會感染。在杜瑞克醫生的社論出現時，已知這種病的死亡率極高，以及「除同性戀者，其他患者是吸毒者」。這種疾病遂改名為後天免疫不全症候群（acquired immunodeficiency syndrome，或稱AIDS，愛滋病。）

一如前述，愛滋病的出現彷彿來歷不明，對在一九七〇年代中期至末期，相信細菌性及病毒性疾病已成過去式的公衛機構成員而言，無疑是一大打擊。許多人相信，醫學目前及未來的挑戰在於征服使人衰竭的慢性病，像是癌症、心臟疾病、失智、中風及關節炎。今日，只不過是十五載後，醫學界所謂克服傳染性疾病已成幻覺，而微生物本身才是意外的勝利者。一九八〇年代又有兩種新的恐懼來源，抗藥性細菌的出現與愛滋病的降臨。這兩個問題將長期困擾我們。領導耶魯大學愛滋病小組的國際權威傑拉德．佛德蘭醫生（Dr. Gerald Friedland）以語帶憂慮但預見永無止盡災難的一句話來表達這種處境：「人類存在的一天，愛滋病就常伴左右。」

儘管有部分愛滋病行動分子的抗議助陣，但對人類免疫缺乏病毒所蒐集到的資料，以及防禦愛滋病毒攻擊的進展，的確令人驚訝。事實上，在愛滋病流行的第七年，「令人驚訝」正是用來形容研究進度快速的最佳詞彙，一九八八年，免疫學先鋒路易斯．湯瑪斯寫道：

> 在我從事生物醫學研究的漫長一生中，從未見過任何研究的進展足以與鑽研愛滋病毒研究室所獲得的進度相媲美。鑑於愛滋病發現甫七年，且其病原HIV又是地球上最複雜、最令人頭疼的生物，這些成就實在令人驚訝。

湯瑪斯進一步指出，即使在相當早期，「科學家對HIV的結構、分子成分、行為與目標細胞的了解，遠超過對世上其他任何一種病菌的理解。」

不僅實驗室，治療領域也出現令人鼓舞的跡象：今日的病患壽命較長，不發病的期間也拉長，且其舒適程度亦獲改善。這些轉變緊跟著人們對愛滋病全球蔓延路線、公共衛生措施以及社會與行為的改變前進。而以上各點正是我們想對愛滋病取得最佳控制所必須的要件。

大部分的進度是由各大學、政府與製藥界通力合作的結果。在美國生物醫學界，這種三方合作的三頭馬車是種新現象，而且它的存在，絕大部分須歸功於最初僅限於同志社群組成的愛滋病聲援團體主導的強力宣導。相對於生物醫學研究，病人壓力團體是種新因素，但其影響力與日俱增。得力於愛滋病遊說團體的努力與醫師的要求。現在國家健康研究院九十億的預算中約有一〇%作為愛滋病研究費用。美國食品及藥物管理局也受到抨擊，要求放寬好不容易發展出來用以評量實驗性藥物的標準。就某些方面來說，還算正面的是：在實驗室已有足夠效力的治療藥劑獲得有條件地開放使用。當然，放寬取得不易的安全措施有一定風險，即使在疾病流行時亦然。

令人特別難忘的，是疾病控制中心才一提出警戒，很快就累積了一系列的初期發現。至一九八一年底為止，發現數起非同性戀毒品注射者肺囊蟲肺炎病例的事實，引起人們猜測這種疾病的散布模式可能類似B型肝炎，因為B型肝炎是這群人常見的疾病。於是推測尋找的病原一定是種病菌。這個理論在一九八二年獲得疾病控制中心一篇報告的採信。報告中指出，在洛杉磯地區第一次發現的十九位病人中，有九人都曾與一名男子發生性關係，而這九人又可能在十個不同城市中，與其他四十位診斷出患有愛滋病的患者搭上線。這類發現證實了這種疾病是透過性行為傳染。

披著細菌外衣的病毒

截至一九八四年中為止，人類免疫缺乏病毒已被隔離出來，並證明是愛滋病的病原，而其侵害免疫系統的方法亦獲釐清。同時也確定病程臨床症狀的特徵，並發展出一種血液測驗。儘管這方面的成就是在實驗室與醫院內共同達成，但公共衛生官員與流行病學者的研究更說明了愛滋病爆發的大略形式與各種面向。

起初，醫學界對是否能找出具有摧毀病毒本身能力的藥物感到懷疑。大多數的憂慮源自於對此微生物特性的了解，尤其它是藉由與所侵襲的淋巴球基因物質DNA結合為一體而生存。不僅止於此，醫學界也發現HIV有能力藏在各種不同的細胞與組織中。而HIV在這些細胞與組織中不僅受到保護，也很難被發現。此外，HIV以一種令人驚嘆的詭計瞞騙過抗體反應：病毒的外包膜由蛋白質與脂肪類物質所組成，而細菌基本上是由碳水化合物包圍（蛋白質動員人體免疫反應的速度遠較碳水化合物為快）；然而，HIV以碳水化合物包住蛋白質包膜，也就是披著細菌外衣的病毒。這種狡詐的化裝技巧成功地減少抗體的產量。尤有甚者，HIV還會大規模地突變，一旦人體抗體反應或新的抗病毒藥物克服眼前的障礙時，可以變為另一品種。

鑑於這些挑戰，加上HIV藉著摧毀其所居住的淋巴球來殺死身體防軍的主要支柱這個事實，確有令人氣餒的理由。研究人員在幾近絕望中，開始對幾種他們認為可能對付這種難以捉摸病毒的藥物進行實驗評估。面對HIV的多重性，早期發展疫苗來動員人體本身免疫能力的方法根本不可行，科學家於是採用與對付細菌感染相同的方法來對付愛滋病：他們開始找尋功能與抗生素相同，能殺死傳染生物或預防傳染生物的繁殖，而不需要依賴免疫系統作為第一線防守的藥物。

部分受測試的藥劑本作為其他用途，後來發現效力有限而遭擱置。隨著對此病毒特殊特性的了解日益增多（特別是在一九八四年HIV可在實驗室取得後），找尋有效的複合劑成了可行之道。截至一九八五年晚春，國家癌症研究所已測試過三百種藥，其中十五種可以在試管內抑制HIV的繁殖。其中最有前途的是一種在一九七八年首次被稱作抗癌藥物的藥劑，這種藥劑的化學名稱為三疊氮三脫氧胸（3-azido, 3-deoxy-thymidine），或疊氮胸（AZT，zidovudine）。AZT首次開給病人服用是在一九八四年七月三日，而全美十二家醫學中心也展開大規模的臨床研究。至一九八六年九月為止，已有足夠的證據顯示這種藥可降低機會感染的頻率，而且至少在病毒突變前，可改善愛滋病患的生活品質。這是第一種被發現能有效治療HIV所屬的病毒類，即反轉錄病毒（retrovirus）的療法。儘管這種藥所費不貲，且可能有毒，但很快便成為治療HIV的主要來源。對AZT效力的發現鼓勵人們尋找類似的藥劑。第一種確認的藥品為雙脫氧肌（dideoxyinosine, ddI，或稱didanosine），而搜尋工作持續進行著。

ＡＺＴ的發展僅是早期階段對付ＨＩＶ的一個例子。但打從一開始，這些研究即出現一些令非專家感到茫然的資訊。

如今的分子生物學有更深入的發現，監督與預防的方法也有改善，配合統計報告的不斷修正，對伺機性微生物破壞性病理學的了解，尤其最謝天謝地的是，不斷有新藥能對付傳染微生物與病毒。

想解釋或了解許多伺機侵略者，如何消耗成年與兒童愛滋病患的身軀這種機制，並非易事。感染ＨＩＶ的患者與照顧他們的人面對這麼一連串令人困惑的問題，我們不禁感謝已有這般的成就。當一位我這一代的醫師與愛滋病小組醫師及護士一起巡病房時，也只能對這些技巧熟練的醫師所知之廣，以及在如此短暫的時間內習得這麼多有關愛滋病的知識感到驚訝。這個小組所處理的病人，個個都有多種感染，有時甚至是一兩種癌症纏身；每位病患都在沒有確定可預測的反應或中毒的情況下，接受四至十甚至更多種藥物治療。以實瑪利．賈西亞就服用十四種藥物。每天，甚至不到一天，每位病患的治療方式就必須有新的決定。我所服務的醫院愛滋病區較小，僅有四十張床，但總是客滿。

而且彷彿臨床挑戰還不夠大，病患心煩意亂的家人總在一旁靜待解答與安慰。愛滋病小組人員總有必須填寫的報告、必須觀察的病歷、必須吩咐的檢驗、必須指導的學生、必須出席的會議，有不斷推出的新文獻等待閱讀以及常常必須繳交的論文。然而最重要的任務，一直是照顧我們那些受苦的兄弟姊妹們，他們之中病情最嚴重者身形消瘦、發高燒、腫脹及貧血。他們的雙眼尋求無言的保證，保證能由痛苦中解脫，而這種解脫通常與死亡一同來到。無論他們在面對注定的死亡時有多堅強的毅力，其無情的死亡過程每次都令人氣餒。

Chapter 9

The Life of a Virus and the Death of a Man

病毒的一生，人類的一死

病毒生活史研究的迅速進展，使我們找到它們容易攻擊的地方。簡單地來看，一個病毒只不過是一細小的基因物質，被包裹在蛋白質及脂質的外膜之中。病毒是目前所知最小的生物，所攜帶的基因訊息也很少。由於它們要靠較複雜結構的協助才能存活，因此必須生活在細胞之內。既然病毒無法自行生殖（就病毒而言，科學家使用「複製」（replicate）這個字眼），就好比細菌一樣，因此它必須先進入一個細胞之中，藉由整合入其中，而後接管該細胞的基因工廠。HIV病毒藉由與一般步驟相反的順序來傳遞基因訊息，因此被命名為「反轉錄病毒」。

細胞的基因物質是名叫DNA（去氧核糖核酸）的索狀分子，也就是基因訊息的儲存庫。在一般情況下的再製造過程中，DNA被拷貝，或說「轉錄」至另一股稱為RNA（核糖核酸）的分子索，其功能就好比是模板去指揮新細胞蛋白質的製造。然而，在反轉錄病毒中，基因物質卻是RNA。反轉錄病毒具有一種「反轉錄」酵素，一旦病毒進入寄主細胞後，這種酵素便可轉錄RNA為DNA，然後再依適當的程序轉譯成蛋白質。

當淋巴球被HIV病毒感染之後，大概就會產生以下的一連串事件：首先，病毒與細胞膜上叫做CD4的接受體相結合；在結合的位置上，病毒脫去它們的外膜而進入細胞之中，然後在細胞內將RNA反轉錄成DNA。而DNA則接著遷入淋巴球的細胞核中，並植入細胞本身的DNA之中。於是，該淋巴球終其餘生，甚至是它們後裔的生生世世，都持續地被病毒感染著。

從此，每當受感染的細胞進行細胞分裂時，病毒的DNA就隨著寄主細胞的DNA基因一同複製，保持著潛伏式的感染。而為了一些未知的原因，到了某個時刻，病毒DNA就會形成新的病毒RNA，而有病毒的蛋白質產物生成。藉此方式，新型的病毒就被製造出來了，然後它們自淋巴細胞膜穿出而自由活動，就有更多的細胞被感染了。如果這整個過程夠快，當新病毒穿出時，將會使得寄生的淋巴球死亡。而另一種造成淋巴球解體的方式，就是新突出膜外的病毒可以結合那些尚未感染的T細胞，造成許多細胞相融合成叢，稱作「融合體」。由於融合體已不具免疫力，這種成叢的連結方式可在短時間內有效破壞許多淋巴球。

有如我們之前所提，HIV病毒攻擊的是T淋巴球，此種白血球細胞在身體免疫反應中扮演了極重要的角色。特別是T細胞族群中的CD4——或是稱作T4淋巴球（亦有稱為T輔助細胞）——為主要的犧牲者。由於其在整體免疫功能中的重要性，CD4細胞一直被稱作免疫系統的「四分衛」。

HIV病毒感染CD4細胞的方式有很多種。它可以在CD4細胞中複製，或是在其內不動聲色地寄住好一段時間，當然也可殺死寄主，或讓它們失去活動能力。長時間下來，CD4淋巴球將大量減少，因而使病人的免疫系統無法發揮有效的防衛作用，而遭到來自細菌、酵母菌、黴菌及其他微生物的感染。

HIV病毒也會攻擊另一類型的白血球，即單胞白血球（monocyte）。此乃因為四〇％的單胞白血球的細胞膜上有CD4接受體，可與病毒相接合。另有一種稱為巨噬體（macrophage，字面上來說，就是「大食客」）的細胞，功能為消化並解決感染細胞的碎屑；這種細胞也常淪為受害者。巨噬體及單胞白血球和CD4不同的是，它們不會被HIV病毒解體，而是作為儲存庫般的居所，讓微生物病原長期而安全地在該處蟄伏。

上述只是將HIV病毒如何一步步地摧毀免疫系統做概括的速寫。儘管有些人並不贊成使用軍事化的比喻來形容疾病的發病過程，但是愛滋病卻相當適合此種類比性的描述。事實上，愛滋病正像是軍力的逐漸集結，後期再以炮彈及空中轟炸去破壞敵國國防，最後以聯軍方式發動全面性陸上攻擊，完全殲滅對方。這就如同先以HIV病毒去解決各種不同類型、不同區域的CD4細胞後，那些微生物病原聯軍，再以各自不同的目標、不同的機轉，對愛滋病患進行致命的攻擊。連最保守的流行病學家都不得不同意，到西元二千年時，將有二千萬至四千萬血清陽性反應的人面臨或是遭受這無情的攻擊。而每年又有四萬到八萬的美國人新遭到感染，也約有同樣數目的病患死去。

脆弱的殺手

截至目前，只有三種感染方式被確定：性行為、血液的交換（可經由遭受汙染的針頭、注射器或是血液製品）以及由已受感染的母親傳遞給她的小孩（可經由臍帶、生產過程或甚至是產後的授乳）。在實驗室中，HIV病毒已可從血液、精液、陰道分泌物、唾液、乳汁、眼淚、尿液甚至脊髓液中分離出來，但是僅有血液、精液及乳汁曾被發現會傳遞愛滋病。自一九八五年以來，血庫中的血製品都已經過仔細篩檢，因此經由輸血而感染HIV的機會是極小的。在美國及其他先進國家，幾乎大部分的患者都是因同性戀或是雙性戀的性接觸途徑而受感染；但在非洲及海地，異性性接觸則占了大多數。儘管經由異性性交而感染的病例在西方國家仍為少數，但是卻漸漸有上升的趨勢，嬰兒受感染的數目也是如此。每年幾乎有三分之一受感染的美國人，是經由靜脈注射的毒癮患者；另外，至少三分之一是同性戀者；其餘則大部分是黑人及西班牙裔婦女經由異性性行為而感染，連帶造成每年將近兩千個新生兒的感染。

事實上，愛滋病並不是很容易傳染的。ＨＩＶ病毒是極脆弱的一種病毒，感染力並不強，只要將家庭用的漂白水稀釋十倍，就可以有效殺死ＨＩＶ病毒，其他如酒精、雙氧水或是萊沙爾消毒液都有效。若是我們滴一滴充滿病毒的液體在桌上，放置二十分鐘而任它乾掉，就不再具有傳染力了。因此，人們過度恐懼經由昆蟲咬傷、衛浴設備、餐具及接吻而感染，實在是庸人自擾，大可不必。雖然曾有病例是只因一次的性接觸就遭感染，但血清陽性反應通常需高含量的病毒或是重複接觸。在美國，經由一次異性間親密行為而感染ＨＩＶ病毒的危險性雖然存在，但畢竟很小。儘管我們慶幸ＨＩＶ病毒要感染我們並不容易，但若想到一旦被感染後必須面對的殘酷事實，這好不容易建立起的安全感就消失無蹤了，難怪公共衛生的專家會提出警告。

ＨＩＶ病毒通常在進到一個新寄主體內後不久，就露出真面貌，在一個月或更短的時間內快速複製，使得其在血液中濃度極高。這種情形會持續二到四週的時間，儘管大部分的人在此時並沒有任何症狀，但也有人會有輕微的發燒、腺體腫脹、肌肉痠痛、出疹子，或是有時還會有像頭疼這一類中央神經系統的症狀。由於這些症狀並不特別，也可能伴隨著一般疲倦的感覺，因此經常被錯誤地認為是流行性感冒或是感染單核血球病。一旦這些暫時的症狀結束，那些對抗ＨＩＶ病毒的抗體開始出現在血液中，血液檢查便可以偵測到它們了。自此之後，病人就是呈血清陽性反應。之後，短暫的症候期結束了，但病毒仍繼續複製。

很可能這些貌似單核血球病的症候，是身體的免疫系統針對大量增生的新病毒所發生的第一步反應。身體獲得初步的勝利，血液中的病毒數戲劇性地掉到很低的程度。此時，似乎那些剩下的病原都撤回到ＣＤ４淋巴球、淋巴結、骨髓、中樞神經及脾臟之中，但在那裡它們則潛伏經年，或是複製極慢，而使得血中病毒維持穩定的低濃度。事實上，人體ＣＤ４細胞只有二％至四％在血液中，因此，那些在淋巴結、脾臟及骨髓中逐漸遭破壞的大多數ＣＤ４細胞，並不能從血液中的濃度反映出來，直到這一長期的潛伏期結束時，ＣＤ４在血液中的數目才會急遽減少，而許多具愛滋病特徵的續發感染也發生了。此時，血液中的病毒濃度又再次升高。至於到底為什麼會有這麼長時間的相對不活躍期，我們仍不明白，但這確實提示了人類的免疫系統在減緩感染上必定扮演了某種角色，至少在血液部分是如此。等到免疫系統被破壞得差不多了，淋巴球裡的病毒和被釋放到血液中的病毒都會顯著增加。

這也許可以解釋為什麼大部分ＨＩＶ陽性反應的患者，在初期二到四週的時候會有淋巴腺腫大的情況出現在頸部及腋窩。而當這段時間過去後，患者往往在平均三到五年、甚至十年的時間中都不覺得有任何不適，但最後從血液的檢查中，我們通常會發現其ＣＤ４細胞的數目已經明顯地降低，從正常的每立方毫米八百至一千二百降到只有四百，這表示大約有八〇％至九〇％的淋巴細胞已經被破壞了。平均再過十八個月之後，標準的皮膚過敏試驗已經開始顯出免疫系統的損壞。CD４細胞的數目仍在下降，但此階段的病患仍不見有臨床上的狀況出現。值此同時，血液中病毒的數目正在上升，而其原先腫脹的淋巴結也逐漸遭到破壞。

等到CD４細胞的數目降到三百以下時，大部分病人的舌頭會出現黴菌感染，或是在口腔內出現一種白色斑紋的鵝口瘡。而當其數目降到二百以下時，在嘴唇四周、肛門及生殖道可能會出現疱疹感染，而陰道也會遭到鵝口瘡同類的黴菌感染。一種很特殊的症狀稱為「口內多毛白斑症」，具有絨毛狀豎起的白色斑塊，沿著舌頭的側邊呈現波浪狀，此乃病毒引起舌頭表面層的增厚所造成。

而在一兩年之內，許多病人在皮膚及嘴、肛門生殖道以外的地方也會出現一些伺機性感染。此時CD４細胞的數目通常已掉到二百以下，並以很快的速度往下掉。而原先在一般健康人體內不會造成麻煩的微生物病原，也開始興風作浪，足證其免疫系統已受到了傷害。這個階段因為缺乏完整的免疫系統，任何的微生物都可能引發嚴重的病理現象。雖然愛滋病患者常會感染一些大家皆知的疾病，如結核病及細菌性肝炎，但他們也會感染一些不常見的疾病，各式各樣寄生蟲、黴菌、酵母菌、病毒，甚至那些在HIV病症出現之前，醫生們都很少遇到的一些細菌。而其中部分微生物，直到八〇年代末期，在實驗室及藥商的努力之下，才有了有效的治療藥物，並且也在臨床上展現了不同程度的成果。

各類型的微生病原在攻擊那些因愛滋病而免疫系統受損的患者時，各有獨特的武器和特定的目標。由於已經沒有多少CD4細胞可以攔阻它們，那些隨機性的殺手，各自或是成群結隊地蹂躪著患者的身體組織。或是耗盡患者的能量，或是消耗其剩餘少許反撲的CD4火力，或是攻擊一些中央結構如大腦、心臟或是肺，這群聚的感染往往便能大行其道。雖然說那些致命的攻勢可能有時會因新推出的藥品而暫時減緩或是停止，但它們終究會再換另一種形式，及時地再發動攻擊。我們或許是可以在某些地方贏得一些前哨戰，或是因剛好用上預防性藥物而能使病情穩定數個月，但這場戰鬥的結果卻是早已命定的了。這意志堅定的病原體攻擊只接受無條件投降，也就是它們寄主的死亡。

趁火打劫

儘管愛滋病患者可能因各種致病因而死亡，但其中有一些微生物占了大部分的死因。其中最重要的是肺囊蟲菌，它也是在愛滋病爆發時最早被確認的感染病。近年來因預防藥品的使用，死於肺囊蟲菌的人數已在減少之中，但直到最近仍有超過八成的愛滋病患者至少曾經罹患過一次；並有許多人因其併發的呼吸困難或其他問題而喪失生命。在找到有效對付肺囊蟲菌的方式前，依據其攻擊的猛烈程度，則可能造成一〇%至五〇%不等的致命率。因此可見，在因愛滋而死的患者中，近半與之有關，只是其比例正逐漸持續減少。

肺囊蟲肺炎的症狀，基本上就是以實瑪利・賈西亞在求醫之前所經歷的呼吸逐漸困難。此微生物偶爾也會出現在肺以外的地方，而在那些因此感染而死的病人解剖中，有時也可發現病菌已傳播到一些重要的器官之中，尤其是大腦、心臟及腎臟。

就像其他類型肺病的患者，因肺囊蟲肺炎而喪命的病人，乃因其受感染的肺失去了換取氧氣的功能而窒息死亡。隨著受影響的組織範圍越來越大，也就有越來越多的肺泡受到損傷，直到有那麼一刻，動脈氧氣比例再也無法提高；不管用什麼方法都不能把氣打入那潮溼而阻塞的組織。缺氧及二氧化碳的累積，很快就會傷害大腦而終於使心臟停止跳動。有時，受損嚴重的肺組織甚至會造成某些區域的崩解，形成孔洞狀，就像肺結核病般。

肺臟是愛滋病最常損害的器官，事實上，如同癌症一般，各式各樣的伺機性感染都會以肺臟為一大目標。結核菌、化膿菌、疹狀巨細胞病毒（CMV）以及弓漿蟲等，則是最常在我參加的醫院會議中被討論的。除了最後的弓漿蟲，其他都把呼吸系統當成自己的居所，這正說明了為何愛滋病患者罹患結核病的比例是正常族群的五百倍左右。

弓漿蟲病曾經是種極罕見的疾病，也因此當我第一次在早期愛滋病人的身上遇見此病時，幾乎想不起來這是什麼病。但不過十年出頭，它已經成為HIV病毒侵襲下的一個主要交戰國了，而我也再不需要從記憶庫中去搜尋它們的細節，因為它們對於那些已喪失免疫能力的人所造成的傷害，是如此明白、怵目驚心地出現在我眼前。這種病原是一種在鳥類、貓及其他小型哺乳類動物中常見的原生動物感染源。大部分的情況下，其之所以會傳到人類身上，乃是透過未經妥當烹調的肉品或是因故遭到動物糞便感染食物。在二〇％至七〇％的美國人體內都可見到弓漿蟲無害地生存著，其比例乃隨社經地位而有差異。但若在一個免疫缺乏症的病人身上，則表現出發熱、肺炎、肝臟或脾臟腫大、紅疹、腦膜炎、腦炎，甚至有時會影響到心臟或是他處的肌肉組織。對於愛滋病患，這種原生蟲以中樞神經為主要攻擊標的，引起發熱、頭痛、神經機能缺損、痙攣及意識變化，從神智不清到深度昏迷都有可能。在電腦斷層的掃描中，有時腦部感染區所呈現的圖像十分類似於淋巴瘤，在鑑別診斷時造成極大的困難。這也就是為何對於以實瑪利的診斷會如此不確定而令人兩難了。

只有極少的愛滋病患者能免於神經系統的損傷。即使是在ＨＩＶ病毒感染的初期，也有少數病患會有短期的神經生理病變，有時這些病變甚至在愛滋病發之前就已出現，所幸這種極為悽慘的情形在ＨＩＶ感染的早期是很少的。但在晚期出現時就相當普遍，也更為嚴重，稱之為「愛滋失智綜合症」，最終將會導致認知、運動及行為能力的喪失。通常剛開始時只不過是單純的健忘，或是注意力不能集中罷了；接著會有冷漠及退縮的症狀，少部分的病人會有頭疼或癲癇。如果這些在ＨＩＶ病毒感染早期出現的症狀沒有漸漸消失，就會緩慢惡化。而不論是這種情況，或是那些進入愛滋病階段後才出現神經系統症狀的病患，智能的衰退及運動協調的平衡困難都會出現。到了最嚴重的階段，則是嚴重的失神狀態，對周遭環境毫無反應，患者也有可能會半身癱瘓、震顫，或是偶爾有抽搐發生。這些併發症的發生被認為與小腦的弓漿蟲病、腦部的淋巴瘤，或是其他如酵母菌狀隱球菌引起腦膜炎等機會性神經病變完全無關，而可能是病毒本身所引起，但確切原因仍然不明。電腦斷層掃描出的大腦萎縮及腦部也找不出與其他因素相關。在許許多多與愛滋病相關的神經生理病變中，愛滋失智綜合症及弓漿蟲病是最常見的。所幸的是，藉由AZT藥物的作用，其發生率已有降低的趨勢。

有兩種結核病原的表親在愛滋病患者身上是最常見的細菌：雞分枝桿菌及細胞內分枝桿菌，或統稱為禽分枝桿菌綜合體。在半數的愛滋病死者體內有這兩種細菌，而在他們生前則引起許多的症狀。細胞內分枝桿菌現今已較肺囊蟲肺炎造成更多的死亡，兩者都會引起發熱、盜汗、體重減輕、疲勞、腹瀉、貧血、疼痛及黃疸症。儘管此綜合病菌體本身極少直接造成患者死亡，但其消耗性作用會使病患更虛弱和營養不良，更加無法抗禦其他的入侵病原。

以上這些只不過是愛滋病症表現的一小部分罷了。就算再列出幾個其他常困擾病人的問題，也不可能完整地列出清單：巨細胞病毒及弓漿蟲感染引起的視網膜炎性失明；可因五、六種原因引起的嚴重腹瀉，有時完全找不到原因；隱球菌引起的腦膜炎或偶發性肺炎；念珠菌造成的鵝口瘡及吞嚥困難，以及外表黏糊滲液的傷口；肛門周圍的疹；黴菌肺炎或是組織胞漿症在血液中的傳播；典型或非典型的細菌；還有近二十種潛伏鑽營的病原如黴菌（Aspergillus）、糞桿線蟲（Strongyloides）、隱孢子蟲（Cryptosporidium）、粗球黴菌

（Coccidioides）、諾卡氏菌（Nocardia）等等也都現身了，它們就好像是天災後出現的掠奪者，事實上它們也正是做這種趁火打劫的勾當。儘管對於有健全免疫系統的人來說，它們並不具危險性，但對那些大量短少CD4淋巴球的人而言，卻是致命的毒藥。

心臟、腎臟、肝臟、胰臟，以及胃腸道，都會受到愛滋病各式各樣的影響，其他較少見的還有皮膚、血液，甚至是骨骼。另外還有：發疹、鼻竇炎、血液凝結異常、胰臟炎、嘔吐、噁心、化膿的瘡及有毒的滲出液、視覺障礙、疼痛、胃腸潰瘍、出血、關節炎、陰道感染、喉嚨痛、骨髓炎、心臟肌肉及瓣膜的感染，以及腎臟與肝臟的膿腫等等皆是。然而，這種疾病不只是使人虛耗而失去精神，更會使許多病人因此酷刑而感到毫無尊嚴。

腎及肝功能常受影響；心臟的傳導及瓣膜功能也可能出現異常；消化道早就背棄主人了；腎上腺及腦下垂體有時也會失去功能。及至細菌感染失去控制後，熟悉的敗血症也出現了。當此時分，營養不良及貧血則又雪上加霜地降低了身體的抵抗力，這種營養不良會因腎臟敗壞、流失大量蛋白質而更加嚴重，但造成此快速惡化的原因仍不甚明白，我們稱之為HIV相關之腎臟病變。在此腎病變發生後三至四個月後，終將演變成尿毒症。

儘管心臟並未受到直接的感染，但偶爾還是會有心肌擴張以及衰竭，或是不正常心律造成猝死。肝臟也是如此，不僅是愛滋病本身的攻擊目標，更有許多患者受到B型肝炎的感染。而疹狀巨細胞病毒、細胞內分枝桿菌以及許多的黴菌，也對肝臟有所偏好。然而，更不幸的是，除了受到疾病的打擊，肝臟在治療疾病用藥的過程中，也同樣會被藥毒傷害，因此，在病理解剖的患者屍體中，只有不到一五％的比例，肝臟是維持正常而並未損傷的。

而整個腸胃道就好像是條彎曲的隧道，提供了愛滋病許多掠奪的機會。從出現在口腔及其四周的單純疱疹、各式的潰瘍及感染，一直到肛門周遭冒出來的瘡及排便問題，病人在這最終數個月裡所受的折磨，就隨著牽連範圍的擴大而日益加深：進食困難、消化不良、腹瀉失禁。這種一再重複的痛苦過程，更使得病人在直腸到肛門這一區域有著清潔上的困擾。在這種死亡的情況下，連最後一丁點尊嚴都被榨取了，這不是大多數的我們所能想像與理解的。然而，有時這種屈辱本身卻會顯現出一種足以克服那深層痛苦的尊貴特性，這的確令人只能感到不可思議而無法理解。

甦醒的惰性癌症

完整的免疫系統不只可抵禦感染的發生，同樣也可抑制癌細胞的生長。一旦缺乏有效的防禦，那些惡性的細胞便找到了一個表現的場所。ＨＩＶ病毒便會對一種過去極為罕見的癌症有著助力。這種癌症自我畢業以來四十多年只見過一次，發生在一位年老的俄裔移民身上，即惡性的卡波西氏肉瘤。美國的愛滋病患有二〇％患有此症，整整是正常人罹患率的千倍之多。這是截至目前為止，愛滋病中最常見的腫瘤。而其中，同性戀男性患者中有四〇％至四五％患有此腫瘤，較之毒癮患者的二％至三％與血友病患者一％的比例來得大多了。然而，這數字只不過是那些在診斷時仍活著的病患部分罷了，如果將解剖的病理屍體也計算入內的話，卡波西氏肉瘤的出現率又將達其原先的三至四倍之多。

在一八七九年時，維也納醫學院的一位皮膚科教授墨里茲．卡波西（Moritz Kaposi），描述了一種他稱之「多生性有色肉瘤」的東西，由許多紅棕色或是青紅色的小結節組成，從手腳開始衍生，沿四肢一直延伸到軀幹及頭部。而這些結節會逐漸變大，潰爛而終蔓延到內部的器官。他的報告中指出：「發熱、便血、咳血及衰弱將於此時期出現，而終將死亡。在解剖屍體時，於肺臟、肝臟、脾臟、心臟及腸道中都可發現許多同樣的結節。」

肉瘤「sarcoma」這個字乃是源自希臘字「sark」，意思是肉質的，而「oma」則為腫瘤之意。這些多生出來的東西，也都源於結締組織、肌肉及骨骼等類的細胞。卡波西曾對此病提出告誡：「其預後不好……而且不論是採取局部或較廣範圍的摘除，甚或是使用當時對治療癌症有良效的砷劑，這個疾病終將致人於死。」然而一個世紀以來，醫療工作者都低估了這種不尋常的惡性腫瘤所帶來的危險。

由於卡波西氏肉瘤的擴展很慢，通常需「三到八年，甚至更久」，因此教科書上經常使用「惰性」這個字眼來描述此病的過程；這對這個本質上有致命性危險的病症造成了錯誤的印象，儘管許多專家曾一再提出其會造成大量腸道出血的事實。事實上，「惰性」這個字詞首先出現在一九八一年的英國及美國醫學期刊上，關於卡波西氏肉瘤出現在同性戀男性的報告中。因為這些作者警覺到，那些原先被認為好似在昏睡的疾病，會忽然間以極快的速度進展。美國的文章以「驚爆」來提醒讀者此病有時是如此快速地進行，而且有眾多的臟器被牽連；英國的報紙更指出，有一半的病患在診斷後的二十個月內死亡。顯然這是一種新型的卡波西氏瘤，遠較當時卡波西教授所警告的來得更令人憂心。

在醫生知道卡波西氏肉瘤與HIV病毒有關之前的幾十年間，它們總被認為是各類型淋巴組織癌症的併發症。現今，卡波西氏瘤及淋巴瘤雖未必相伴出現，但皆是愛滋病患的頭號惡性病變。除了兩者都與免疫缺乏有關，兩者之間的關係仍不清楚。愛滋病患出現的淋巴細胞瘤，大部分會牽涉到中樞神經系統、胃腸道、肝臟及骨髓，與卡波西氏肉瘤同樣具侵犯性。

與其他先前人類所知道的惡性傳染病不同，HIV病毒所造成的死亡模式是無限的。譬如胰臟癌只有幾種方式會造成死亡，心臟衰竭或腎臟衰竭也都只發生在特定的死亡方式；中風針對的目標只有腦部，沿一種明顯的路徑送病人上西天。但HIV感染卻大異其趣：它似乎針對某一器官系統提供了眾多可能死因，然後又有另一系統因各類微生病原或是癌症而致命。在病理解剖中，唯一可以預知的，只有免疫系統中淋巴組織嚴重的缺損。在解剖檯邊，即使是該病人的愛滋照料小組成員，都經常為那些意料之外的牽連部位或破壞程度而感到訝異不已。

呼吸衰竭、敗血症、腫瘤或感染造成腦部的破壞，都是一些常見的直接死因。另外，有些人因大腦出血、肺出血，甚至是胃腸道出血，而還有些人則因結核病或肉瘤的蔓延而死；而器官的衰竭、組織的出血以及感染，更是到處可見。其中不變的是營養不良的現象。無論多努力去抗拒，營養不良都無法避免。那些臨終愛滋照料小組成員所面對的，是一個個衰弱、遊魂般的人，他們眼眶深陷、眼神呆滯，經常面無表情，而他們的身體則呈現了超越他們年紀的老邁與枯槁。大部分的人已經失去了勇氣，病毒已奪去了他們的青春，更將要掠取他們的餘生了。

病理解剖專家對於死因有兩種不同的名稱：直接死因（proximate cause）及立即死因。對這些年輕人而言，他們的直接死因全都是愛滋病，特定的立即死因則不一致。而他們的遭遇儘管各自不同，卻都一樣悲慘。前不久，我才與彼得．索爾溫（Peter Selwyn）教授談起此事。他是一位耶魯大學的教授，全心致力於照料愛滋病人，激發了本校許多學生及住院大夫來推動這項工作。儘管對於當今世人了解ＨＩＶ有著極大的貢獻，他是一位寡言的人，總以極少的話來表達極重大的概念。他簡單地說道：「只要時候到了，我想，我的病人就會死。」這句話如此不協調地飄蕩在這個空間，在這個我們剛討論分子生物學及臨床照料的處所，在這個空氣中充斥生物醫學科技的地方。然而，它卻是如此真切。他說，總有一個時候，苟延殘喘的生命力就要放棄。死亡與敗血症、器官衰竭及營養不良伴隨而至，靈魂一忽兒就走了。索爾溫看過許多次愛滋病患的死亡，他深知這一切。

愛的公社

我現在離開醫院有數百里之遙。這是仲秋的某個午後，在湛藍無雲的天際下，凡事好像都該依循著應有的軌道而行，然而一切卻不是這樣。剛過的夏天總是在下雨，也許正因為如此，這環繞著我朋友農莊的山丘，竟披上了那令人驚心動魄的色彩，那是我這經年浸潤在都市的靈魂所不能理解與擁有的。殊不知，大自然竟是如此地良善，卻又是如此地殘酷。啊！就在那一刻，似乎不再有其他日子能有這種不可思議的壯麗景觀了。今天還沒過完，我竟然對今天就有了一種思念及不捨。我是如此熱切地希望能記住這每一棵樹的樣子，因為我知道，那迎風搖曳的綽姿，很快就將開始褪去，再也不會和現在完全相同了。當一件事物是如此地美好，絕對應該看個清楚，而且仔細地將它握在手心，那麼，就不會有任何一個人會忘了它的樣子，以及那種感覺是如何地美好。

我正坐在約翰．沙德門的農場中，充滿燦爛陽光的廚房裡。這農場坐落在二十英畝豐沃的土地中央，大約已興建了一百年之久，就在上紐約州羅蒙谷（Lomontville）城的附近。十年前，就在樓上的臥室中，約翰最好的朋友大衛．羅德，就在歷經那麼一場漫長而艱苦的疾病後，在約翰的臂彎中死去。約翰與大衛不只是最好的朋友，他們分享著恆久的愛，然而癌症卻摧毀了一切。死亡從約翰身邊帶走了大衛，就在未來顯得如此穩固及美好的時刻。大衛兩年前才剛獲得百老匯東尼獎的最佳男配角，而約翰的表演生涯也漸漸邁向高峰。在那個農場之中，悲傷是如此漫長，生命的正常節奏遲遲無法恢復。

約翰是我將近二十年的老朋友了，我太太莎拉以前更與約翰及大衛共同分租過房子。他是我們極親近的朋友，我的兩個小孩都叫他叔叔。然而，他卻從未提及生命之中很大的一部分，而我也一無所知。就在這樣一個日子，在這壯麗的秋天即將飛逝的時刻，我們倆促膝坐在這兒，談起了死亡，以及愛滋。

約翰對死亡太熟悉了，大衛之死只不過是一連串悲傷的前奏曲；他劇場工作的同事，以及那些或許僅只是朋友的人們，一個個病了、衰弱了，而終究又死去了。過去的十年來，約翰一再地見到這件悲劇；先是發現血液呈陽性反應，然後是疾病的蔓延、細心的照料、臨終的發病，最後是死亡。一而再、再而三地重複著。在四十歲至四十五歲之間，他目睹一幕幕悲劇。而現在又有許多其他病人死去，年輕的男孩，還有些是年輕的女孩，接二連三地進入了墓地，在他們最富生命力的歲月裡，那些可能有的或是應該有的，通通被剝奪了。這一代青年的熱情、天賦及無可置疑的才智都消失褪去了，而我們的社會也同樣如此地病了。

我們談起了約翰的一位朋友，肯特。他死於一九九〇年，因弓漿蟲病變以及三個常見的併發症：疹狀巨細胞病毒、雞分枝桿菌以及肺囊蟲肺炎。而我想知道的是，在這種死亡的方式之下，還存有任何的尊嚴嗎？歷經了這麼多風風雨雨之後，又有任何東西可以留下，或是在他臨終的時刻還覺得自己是個人嗎？約翰想了良久才回答，然而這並不是因為他從未想到這些問題，而是他希望我真的能了解。他說，對一個生命將走到盡頭的人來說，去追尋飄忽的尊嚴，可能已經無關緊要了。因為他已經完成了他的努力，而且好幾次就在鬼門關前掙扎，周圍的人根本感覺不到他的意識了。尊嚴是屬於那些存活下來的人，它們將存在於他們的心中：

我們這些還倖存的人，藉由追求尊嚴，試圖不去想自己的病。我們試著用尊嚴來彌補無力的垂死朋友，雖然這或許只不過是強加在他們身上。這也許是面對這可怕的死亡過程，我們所僅有的勝利。像愛滋這樣的疾病，我們必須去接受一種特殊的悲哀：眼睜睜看著自己深愛的朋友喪失原有的特質及個性。到了最後，他完全和你上一位同樣遭遇的朋友一模一樣，你就會感受到那種看著別人失去自己的獨特性而終於變成一具臨床標本的悲傷了。

所謂「善終」對那些將死的人有多重要呢？對那些他們身邊的人又有多重要呢？是的，這兩個問題彼此是相關的，但問題是：重要性在哪裡？對我而言，所謂善終的觀念通常並不是垂死的人所能處理的。「善終」只是相對性的，而它真正代表的，是減少混亂罷了。除了試著去讓事情簡潔以及不教人如此痛苦，你所能做的並不多——別讓他感到孤獨。然而，到了最終的時刻，我卻又覺得，這別讓病人感到孤獨的重要性，也只不過是我們自己的推論罷了。

回顧以往，聽來也許殘忍，根據我自己的經驗，唯一讓我們自己明白是否讓病人感到善終的方法，就是到底我們會不會感到悔恨，或對任何事感到遺憾或未完成。如果我們能很坦然地說，我們已經盡了一切能力，那麼我們就已經是做了最好的工作了。但就算如此，這成果也只對自己有意義罷了，因為最後你所處的，依然是個無人快樂的結局。而事實是，你終究失去了某人，這是怎樣也不會感到好過的。

而我們對於身處於死亡之中，最絕對而不可搖撼的，就是愛。如果在生命將告終結的時刻，我們感到我們所付出的是愛，我想，這就是「善終」了。但這又是如此主觀的一件事啊！

在肯特待在醫院的最終幾週裡，他從不孤單，在最終的時刻，無論那些朋友是否能提供幫助，他們總是陪伴在側，這毫無疑問是護理人員再周到仔細的照料也不及的。去探視一位同性戀的愛滋病患，沒有人不會對他的朋友感到驚訝。那未必全是同性戀者，但他們無疑地好似一個家庭成員聚在一塊，共同分擔著妻子或是親人所有的責任。一位備受尊崇的早期美國愛滋病工作者艾文．諾維克（Alvin Novick）醫生，就曾稱這種盟友現象為「照料團」（the caregiving surround）。這是一種愛的公社，但不僅是如此，約翰描述道：

愛滋病出現在因彼此意識上的吸引而共同建立家庭的人身上，特別是在同性戀者身上。我們選擇了自己的家人。我們對彼此的責任感，有別於一般世俗的標準；而在很多情況中，傳統的家庭排斥我們；因此這種因親和力而結成的家庭就顯得如此重要。

有許多人數眾多的社群認為，發生在我們身上的是一種應得的天譴，因為我們有罪、不正常。因此不讓我們之中任何一人獨自面對社會的批判，是大家共同的利益。我們之中也有些人深深感到自我憎惡，也認為愛滋病是一種懲罰。即使其他不會如此自責的人也都明瞭，社會的大多數正是如此來看待這件事的。因此，忽視那些必須自己去面對這疾病的朋友們，正是背棄他們，把他們丟在異性戀世界的審判中。

約翰告訴我們，肯特的最後幾週，就好像其他許多愛滋病人或其他末期病患，眼睜睜地看生命逐漸被吞噬、衰退。好幾個月以來，他被迫去對抗接二連三的突發狀況，漸漸懷疑自己所能控制的正隨著每一種新的併發症而逐漸減少。當他不再試圖去了解時，也停止了對那接連而來的攻擊的所有抗爭，似乎去抵抗已不是多重要的事，再也不值得如此做。或許，試著要去抓住這一切事情的意義，已耗去太多他僅存的精力。

於是，這最終的攻擊細節已失去其重要性。有人把這種力竭後的漠不關心稱為接受，事實上這也有「歡迎」的暗示。也許該說是已經接受失敗，不得不承認命已該絕，可以停止掙扎了。大部分生命將要結束之人，不只是愛滋病人，其他各種長期慢性病人也相同，似乎都不知道他們已經到了這個階段。極少數的一些人，神智仍然非常清楚，能夠承認時刻已到。但大多數人都是由別人在他們逐漸失去知覺甚至是昏迷的情形下，為他們做了決定。奧斯勒及路易斯．湯瑪斯所看到的平靜就是這個階段，但此刻往往又來得太晚，而不能去撫慰那些圍在病床旁的親友。

雙重的死

當肯特還沒病得這麼嚴重時，他偶爾會談起，很憂慮自己究竟能忍受多少肉體上的疼痛，以及臨終前的幾週將會有多麼地不舒適等等。他也表示希望能挨到關鍵的時刻，自己能夠清楚地做下是否繼續抗爭下去的決定，但是沒有人能夠保證可以實現這個願望。

某個有辦法的朋友幫肯特在醫院中弄了個寬敞的私人病房，然而在這個廣大的空間中，他卻日益地顯得渺小，小到幾乎讓人找不著。用約翰的話說，是「他在床單下越縮越小了」，即使在他最好的情況下，他依然要靠別人幫忙才能上洗手間，而其他的時間裡則完全躺在床上。他以前也說不上是壯碩的人，但現在似乎真的是小到快要不見了。當約翰如此描述著肯特的衰弱時，我不禁想起湯瑪士．布朗於三百五十年前看著他臨終的朋友時所說的：「他幾乎只剩下原先的一半，失去了無法帶進墳墓的那一大部分。」

由於弓漿蟲病變，肯特失去分辨能力，無法知道自己是什麼時候開始沒法了解周遭的事物。巨細胞病毒引起的視網膜炎弄瞎了他的雙眼。而到那時，他已形銷骨立，再無法辨識他的臉，或了解他的表情是微笑還只是他緊閉的嘴角在扭曲呢？約翰形容得很貼切：「當一個人是如此微小時，這溝通的形式已不復存在了。」他全身都變成深色，特別是臉部。

之前，肯特曾明白表示，一旦那些積極性的治療法根本無用時，就不要再做這種努力。因此，他的「照料團」與醫師討論，一同針對每一個接續治療的必要性來考量，希望做出正確的決定。最後終於不再有任何需要下決定的機會了。顯然，已經沒有什麼可做的了，正如同索爾溫說的——肯特的時辰已經到了。

肯特逐漸地感覺不到那些不舒適了，而接不接受各種醫療的協助也顯得不再重要了。「我們的任務變成只要圍繞著他，跟他接觸，至少是在他可接收的範圍內，最重要的是，我們不希望讓他孤單一人。」最後，肯特就這樣悄悄地離去了。現在，約翰說起了故事的最後部分：

當他死去的時候，我人並不在紐約，而是在這農場盤桓幾天。回去時我下了巴士，打了個電話回家聽答錄機中的留言，聽到肯特逝世的消息，嚇了一跳。當我最後一次見著肯特的時候，他幾乎已經奄奄一息，當然也已經不成人形了。儘管我們都已經知道他隨時可能離開，但我仍然對他真的死去的消息感到震驚，我想，這是因為在我花了這所有的時間去陪伴他之後，我居然是以這種令人不舒服的方式——孤獨地站在這髒亂的公用電話亭，自電話答錄機留言聽到他的死訊。

肯特死在朋友的陪伴下。那些朋友在他生命的最後兩年中，一路支持和幫助他。他並不是被自己的家人所摒棄的同性戀者或是毒癮者。肯特是他年邁父母的獨子，而他們在幾年前已過世了。如果沒有這來自朋友的忠誠及摯愛，肯特的死，將如同他的一生一般，很快地被世界遺忘。

這裡所寫的任何一件事，都不是在暗示傳統家庭對那些臨終的兒女或是丈夫妻子等愛滋病患漠不關心。相反地，傑拉德・佛德蘭醫生提到許多父母（尤其是母親）在多年的排斥拒絕後，又重新接受這些孩子。這些例子不僅是發生在同性戀的家庭，毒癮者的家庭亦然。當然，並非所有的同性戀者或毒癮者都是離鄉背井，因此，對那些患有愛滋病的年輕男女來說，能在兄弟姊妹、父母，或是有時來自朋友及情人的細心照料下，度過生命中最後的幾個月，也很常見。放棄工作或是離開家到遠地，對中產階級的父母親比較容易，而都市下階層的父母卻常做不到，因為對那些族群來說，一天不去工作，也許損失的不只是一日薪資而已，還可能是那本來就已經低薪的工作。我知道的一位母親有四個孩子全數死於愛滋病，這病毒所造成的殘酷傷害已經超過所能夠想像的地步了。

圍繞在這些垂死年輕人病床邊的母親、妻子、丈夫、情人、姊妹、兄弟及朋友們，正盡其所能去減輕這致命的傷害。像是回到過去孩子病重時，你可以聽到他的父母呢喃的聲音，在壽命將終前的寂靜中，聲音幾乎細不可聞。那是些鼓舞的輕柔話語，是些禱詞，以英文、西班牙文，或是以世界上任何一種語言重複地說著，正如同《聖經》上，大衛王為反叛的兒子押沙龍被殺而哭泣時所說：

我兒押沙龍啊，
我兒，我兒押沙龍啊，
我恨不得替你死，
押沙龍啊，我兒，我兒！

佛德蘭說這是天道逆轉——白髮人送黑髮人的悲劇，而我們不久前還自信滿滿地宣稱我們的科學已經征服了此種悲劇。逆轉的不只是病毒，還有黑髮人送白髮人的大自然常軌。目前我們抑制HIV病毒繁殖最有效的AZT或是其他藥物，正是去阻止病毒的反轉錄作用，以阻止這種病變，如同我們要扭轉這種反常，讓生命的常軌重新找到其應有的源頭。但是我們的工作卻不如想像中順利，死神還繼續搜捕著那些青年人，和甚至更年輕的孩子們，而我們這些年長者卻只能眼睜睜地站在一旁哀悼。

除了那些以自己的生命去擁抱死亡的人，再也沒有人能夠知道，從如此的死亡之中，有多少尊嚴及意義被留存下來。年輕人照料著另一些臨終的年輕人！此處我要提的，不只是醫師、護士，還包括了所有付出的人員。他們每日的行為，正是我們過去所嘲笑不信的：世上真有無私的存在。他們就是這一種英雄。他們值得敬佩的，是他們選擇的道路，是他們克服了他們的恐懼。他們不做道德上的評判，也不去計較社會階層、感染的原因，或這些病人是否是所謂的「危險群」。卡繆說得好：「這世上所有罪惡的真理，正似瘟疫的真理一樣：幫助人類去超越自己。」

我們現在還是聽說有許多不情願的醫師們，或是對HIV恐慌的外科醫師（有超過二〇％的受訪美國醫師表示，如果他們可以選擇，將不會照料那些患有HIV病毒的病患）。因此，知道有另外這一群人正如此關懷愛滋病患，格外使人感到溫暖。對那些去照顧愛滋年輕人的年輕人而言，這個負擔不可謂之不重，因為他們所照料的垂死病人或是跟他們同年紀，或是只比他們大個十多歲。天道不公激起我們憤怒責怪無情的自然，任意創造出HIV病毒，竟從我們身上奪走了那些我們理應享有的未來。對這些因愛滋病而死去的眾多年輕人而言，七十年前腦神經外科大夫哈維・庫欣（Harvey Cushing）為死於第一次世界大戰中的朋友感到悲傷時所寫下的一句話，正是恰當的寫照：「他們的死是雙重的，因為，他們是如此年輕。」

Chapter 10

The Malevolence of Cancer

惡意的癌症

從前有個掃煙囪的小孩，叫做湯姆。那是一個簡短的名字，你也常常聽到，所以很容易記住。他住在北方的一個大城鎮裡，在那兒有許多煙囪要清掃、有許多錢讓湯姆去賺，讓他雇主去花。他既不能讀也不能寫，也不想讀書識字；他也從未洗澡，因為他所住的地方並沒有水。沒有人教過他祈禱。他從未聽過上帝或是基督，除了在一些下流的咀咒字眼之中。他的生活一半在哭泣，一半在歡笑。他因必須爬行於黑暗通道、磨擦其柔弱的膝蓋與手肘而哭泣，也因每天都會有煤灰跑進眼裡或是無法得到溫飽而哭泣。

以上是查理・金斯利（Charles Kingsley）在一八六三年的經典作品《水之童》（*The Water Babies*）的開場白。湯姆就是這英國紳士委婉稱呼的「爬行少年」。他的工作不需要冗長的訓練，也不需有任何準備。大部分新入行的孩童都在四歲至十歲之間，每天開始的工作都很簡單：「在一陣啜泣及雇主的踹踢後，湯姆跨過壁爐鐵欄，爬上煙囪。」

這些煙囪並不像後來建築風格那種直立式的構造。即使在金斯利的時代，一八〇〇年代中期，它們的上升斜度已經較以往更為直立了，這是因為一七七五年英國外科醫師普西莫．派特（Percivall Pott）開始注意到煙囪的危險了。在派特的時代，它們不僅彎曲不規則，而且有個缺陷，就是在導向垂直上升之前，會有一段水平方向的構造。這種結構造成許多死角，以及煤灰可堆積的平坦表面。不僅如此，這彎彎曲曲的通道更有可能磨傷掃煙囪小孩身上許多部位的皮膚，特別是外露、突出來的部分。

這些孩子爬行在汙穢的通道內時，往往沒有任何衣物來保護自己的身體。他們可說是完全赤身露體為此工作。而光著身體有個很好聽的理由，或至少是孩子們的雇主認為很好且合理的理由：煙囪非常窄，估量直徑大約三十至六十公分。如果說穿著衣服就占滿煙囪有限的空間，這樣一來又何必麻煩去找這些年幼瘦小的孩童呢？所以雇主去找身量最小的孩子，教他們清掃煙囪的初步工作，每天早上就踢著他們被煙薰黑、光溜溜的屁股進去工作，吼罵著他們爬入擁擠、毫無空氣對流的通道，開始一天的工作。

問題因為這些可憐的清掃者個人的習慣而更加嚴重。來自英國社會結構中極為低下階層的他們，並不把保持身體清潔看作是一件很重要的事。更有甚者，儘管每天處於火爐這種家的象徵旁邊，大多數這些不幸的少年並不知家為何物。沒有慈母關愛的手去引導他們，甚或抓著他們的耳朵去洗個熱水澡。他們大部分都是被遺棄的男孩，就在其雇主殘酷吞噬他們的靈魂之際，焦油的微粒埋藏在他們陰囊皮膚的皺摺內達數月之久，無情地吞噬著他們的生命。

派特在那時是倫敦最有名的外科大夫，他非常了解這些年輕清掃者困苦的生活。他觀察到「這些人們的命運似乎格外艱苦，從童年早期，他們就常受到殘酷的對待，且幾乎都飢寒交迫；他們穿梭在狹窄、有時更是炎熱的煙囪內，因此造成瘀傷、燙傷甚至幾乎窒息；當到青春期時，他們又特別容易罹患一種非常痛苦的致命疾病」。這些詞句記載於一七七五年，出現在派特一篇文章中的一小段，文章題目是〈白內障、鼻息肉、陰囊腫瘤、幾種疝氣和腳及腳趾變形的外科觀察〉。該文保存了有紀錄以來初次對職業病的描述。這疾病常常會發展好幾年，但也有時早在青春期就出現了。在十九世紀初，甚至是出現在一個八歲的幼童身上。

無庸置疑地，派特正描述一種致命的惡疾，就是我們今天所稱的鱗狀上皮細胞癌（squamous cell carcinoma）。他在年輕病患的陰囊看到「表皮上疼痛的瘡，看起來醜惡凹凸，有堅硬突起的邊緣，他們那一行的人稱之為煤灰症……它會經由泌尿系統進入腹部。當到達腹部時，就會侵襲一些內臟，很快造成痛苦的破壞」。

派特知道陰囊癌除非在初期就經手術切除，否則會奪走每位受害人的生命。他一次又一次試著以外科手術治療，但在那麻醉劑未被發明的時代，外科手術意味著他必須將哭叫的孩子綁在桌上，並在有力的助手緊抓下保持不動。適合動手術的對象僅限於那些只有一邊陰囊潰爛的男孩。

手術的過程對這些青少年病患的身心都是極大的折磨，因為醫師總是以最快的速度將睪丸和半個陰囊除去；流血的組織就以灼熱的鐵直接置於其上來止血。試圖去縫補可怕的焦黑傷口常導致流膿的感染，所以手術的部位就任由數月的緩慢治療使壞死的皮膚、體液自行流乾結痂。

但派特手術後的結果往往不能令人滿意。他對病患所做的長期追蹤深感氣餒：「在這樣的手術之後，雖然某些病例的痛處已漸漸治癒，且病患也看似康復離開醫院，但在數月以後，通常他們的另一個睪丸又會發病，或是腹股溝的腺體出了問題，不然就是面有病容、失去體力，而體內經常性的劇痛證明一些臟腑的疾病狀態，隨之而來的就是痛苦的死亡。」派特的描述一點也不誇張，反而還有輕描淡寫之嫌。

派特發現這種可怕的死亡之旅，開始於特定部位不正常的成長，其後就開始產生潰瘍，無情地不斷蔓延，經過腐爛的通路而滲透到周遭的組織結構。他出版案例研究的時候，一種「外來物質侵入對身體的影響」理論正在成形。一些著名的醫學家開始介紹一種概念，認為活組織需要刺激來運作其正常的功能。此刺激概念與另一種概念僅一步之距，也就是說，生病的器官是因為刺激過度。派特認為煙囪清掃工作者最初的癌症，就是煤灰化學作用刺激過度的直接後果。

現在，在每則香菸廣告中，都會出現醫師總會的警語，也有很多人正視這個問題。沒有任何一個識字的美國成年人會不了解焦油之類物質的致癌性，且絕大多數均知，其致癌性是體內組織持續接觸有毒物質的刺激作用所致。但顯然今天我們覺得理所當然——長期刺激有可能導致疾病——的概念，當時並不為所有的醫生接受。當派特描述陰囊癌是對煤灰反應的結果時，過度刺激及發炎理論仍無相當的立足點，而的確此理論大部分在後來也都被放棄。雖然清掃者本身稱呼他們的疾病為「煤灰症」，但他們似乎還不了解，偶爾洗淨身上的汙穢可能避免疾病發生。他們只是接受這事實，認為他們之中有許多人不可避免地會發病及承受死亡的痛苦，覺得這是伴隨著工作而來的風險。

派特認為煤灰是癌症肇因的論點立刻得到贊同。國會後來更頒布命令，規定煙囪清掃者不能招收八歲以下的學徒，而且所有的孩子至少一週要洗一次澡。到了一八四二年，二十一歲以下的人都不允許爬入煙囪工作。不幸的是，這項法令並沒有被確實遵守，以至於在金斯利寫《水之童》一書二十年後，仍有許多不足齡的煙囪清掃者。

憂鬱的黑膽汁與少年犯

早在希波克拉提斯的時代，甚至更早之前，古希臘醫學家已經知道這惡疾的生長方式，也知道其將殘酷地毀滅生命。對於他們所常見發生於胸部，或突出於直腸、陰道的腫瘤及潰瘍，他們給了個特別的名稱：有別於他們稱為「oncos」的一般性腫瘤，這種特別的惡疾叫做「karkinos」或是「crab」，起源於印歐語系「堅硬」的字眼。「oma」是意謂「腫瘤」的字尾語，所以「karkinoma」就用來指稱惡性生長的腫瘤。幾個世紀後「crab」的拉丁文寫法「cancer」，就普遍地被使用了。同時，「oncos」也被用來泛指各種的腫瘤，這就是為什麼我們稱呼一個癌症專家為「oncologist」的緣故。

惡性腫瘤被認為是體內一種「黑膽汁」停滯不流動所致，黑膽汁同時也是憂鬱之源。由於希臘人並未解剖人體，所以他們所見的癌都是胸部或皮膚上的惡性潰瘍，以及直腸或陰道內因發展太大以致突出體外的癌。由於癌症病人確實都是憂鬱的，這種黑膽汁理論似乎也得到了支持。

「karkinos」和「karkinoma」兩字的起源，和許多希臘醫學術語一樣，都是基於簡單的觀察與碰觸。當第一位希臘醫學的解釋者及編纂者蓋侖（Galen），於西元二世紀解釋它們的外表時，他說這種常見於婦女胸前部位且常自其中心開始潰瘍的硬塊，就像「螃蟹的腳自其身體向外擴展出來一般」。而且不僅是其腳深陷入受害者的肌肉，它的中心也直接地侵蝕受害者。

這就像狡猾的寄生蟲，由具銳爪的觸角附著於獵物正在腐敗的表面。有爪的肢足不停地擴展周圍，而令人厭惡的穴居動物的中心，正靜靜地吞噬生命，消化掉任何它所分解的部分。這過程是無聲無息的；它沒有可確知的開始時間，且只有當此掠奪者消耗掉其寄主的最後一滴生命時，才告結束停止。

到十九世紀中葉以前，癌都被認為是偷偷竊取生命。癌躲在肅靜的黑暗之下，只有當謀殺式的滲透已破壞了太多的正常組織，以致寄主的防衛力量無法回復之時，才能感受得到它的攻擊。最後還把自己已無聲無息吞噬掉的組織變成致命的壞疽。

透過現代科學顯微鏡來觀察我們的舊敵，我們現在對它已經有了比較多的了解。癌症事實上根本不是祕密的敵人，而是惡意的殺人狂。這疾病追求著一種持續、不受禁制、殺人放火般的劫掠，它不遵從命令，沒有法則可循，以暴動來摧毀所有的抵抗。它的細胞行為就像蠻族橫衝直撞地瘋狂殺人一般，毫無領袖及指揮可言，只為了一個簡單目的：掠奪一切可及之物。這就是醫學科學家們使用「自主性」（autonomy）這個字眼的涵義。致命細胞的增殖形態及速度，在生物體內都違背了任何慣例規則，體內的營養物供給它生長，最後卻被不斷由原形質新生出來且漸增大的癌所摧毀。在這樣的了解下，癌並不是寄生蟲。蓋侖稱癌「存在於本質之外」是錯誤的說法。它的第一個細胞確實是身體細胞的子代，但因為它們長得又醜又畸型，難於控制，最後母細胞還是拒絕了它們。在活著的組織內，癌細胞這些無法控制的暴民就如同一群瘋狂的青春期少年一般。它們是細胞社會中的少年罪犯。

癌被視為成熟過程改變的疾病；它是一連串錯誤扭曲了的生長發展過程所造成的結果。

在正常情況下，細胞在死後都會持續地補充，來源不僅是年輕的存活細胞，稱為家族細胞或主幹細胞（stem cells）的先驅細胞也會積極地再製。主幹細胞為極不成熟的形態，具有巨大潛能製造出新的組織。主幹細胞的徒子徒孫們要發展到正常成熟的狀態，必須經歷一連串的步驟。當它們接近於完全成熟時，將失去快速增長的能力，但扮演著成熟細胞的功能也因此而隨之增加。例如：一個完全成熟的腸細胞，自腸腔吸收營養的效率比再生效率高得多；一個完全成熟的甲狀腺細胞，分泌荷爾蒙時最為稱職，但其分裂、再生能力卻比年輕細胞要差得多。這整個有機體間的社會分工，就如同我們的社會一般，是不可避免的。

腫瘤細胞是無法順利分化的細胞，科學家用「分化」這個詞來表示細胞變成熟的過程。分化受阻而不成熟的異常細胞被稱為「neoplasm」，該字出自希臘語，代表一個新的成長或是形成之意。如今，「neoplasm」一字就被當作腫瘤（tumor）的同義字。如果分化是在接近成熟狀態才受阻，這種腫瘤細胞就最不危險，也因此被稱為良性的。一個良性腫瘤也相對地保留了極少其本身無法控制的再製潛能。它分化得很好；在顯微鏡下，看似已達近乎成熟的狀態。它緩慢地成長，並不侵入周遭的組織，或是轉移至身體的其他部位，且常被清楚的纖維膜所包圍，幾乎沒有殺死其寄主的能力。

而一個惡性腫瘤（就是我們所謂的癌）則完全不同。遺傳上、環境上，或是其他方面的影響，在細胞成熟過程的早期就阻止了分化的進行，以至於它們停留在可以無限分裂的不成熟階段。正常的主幹細胞繼續試著製造正常的子子孫孫，但它們的發展持續停滯。它們未達足夠的成熟水準來做其應做之事，看起來也一點都不像原本應該成為的成熟形態。癌細胞在太年幼而不能習得社會規則時，便固定了下來；就如同各種生物的不成熟個體一般，他們所做的任何事，對其鄰居的需求或是限制而言，都是過度和不協調的。

由於並沒有完全成熟，癌細胞不會介入其他非惡性組織複雜的新陳代謝活動中。例如：腸內的癌細胞不會如同成熟的腸細胞一樣在消化中起作用，肺部癌細胞也無關於呼吸過程，幾乎其他惡性腫瘤都是如此。惡性腫瘤集中能量於再製，而不顧維持有機體生命之持續的任務。這些該死的細胞沒有能力做任何貢獻，只會為努力工作的細胞組織社區帶來麻煩及負擔。就像它們的祖先，癌是繁殖者而非生產者。如同獨立的個體，它們使安詳穩固的社會蒙受其害。

癌細胞在其應當死亡之時並不會死。所有自然界都承認死亡是正常成熟化過程中的最後一步。但惡性細胞並沒有走到這一步，它們的壽命是沒有限度的。海菲力克博士研究纖維母細胞，提出細胞分裂有其限制的說法並不適用於惡性成長的細胞數量。在實驗室中所培養的癌細胞顯示出一種成長及增殖新腫瘤的無限能力。我的研究同事說它們是「不朽的」（immortalized）。延遲的死亡及無法控制的增生合在一起，就是惡性細胞對自然秩序的最大違背。這兩種原因結合在一起，就是癌何以不像一般組織那般能夠在生命過程中不斷增大的主要原因。

癌不知道規則，這點無關於道德；只把摧毀生命當作唯一目標，又可說是不道德的。一叢癌細胞就是一群無組織、自行其是的青少年暴民，憤怒地反對其所出生的社會，就像是街頭幫派意圖犯罪的暴行。如果我們不能幫助這些癌細胞長大，我們就只能逮捕它們、驅離它們或判它們死刑。

但把它們關起來是不夠的，因為它們四處流動、侵入其他社區範圍，而且因為所向無敵而受到鼓舞，更在全身大肆破壞蹂躪。但最後，癌並沒有獲得勝利。當它殺死受害者時，也就等於自殺了。癌一出生就帶著死亡的願望。

癌是反社會的。但有些反社會者還有值得敬重之處，而惡性細胞卻沒有任何一點救贖特徵。它盡全力與其他細胞社團劃清界線，甚至要摧毀後者。彷彿要確定能與其起源家庭中的規矩成員不相混淆，癌細胞保留了不成熟的、與眾不同的外表形狀。此特徵被稱為「anaplasia」，源自於希臘語的「沒有形狀」。這種沒有形狀的細胞所衍生出來的新細胞，也都不成形狀。

但即使如此，還是只有很不尋常的癌細胞才會完全改變外表，認不出其原始族群。除了少數極端的案例，通常在顯微鏡下仔細觀察已死的組織，仍能找出其家世來。因此，腸癌仍能被辨認出來，因為它仍保有一些腸細胞的特徵。甚至離起源之地很遠，像是血液帶著腸癌細胞到達肝臟，也還是認得出原來的長相。顯然癌是毫不後悔的叛徒，逃離家族而加入生物謀殺幫派，但還是會保留些微舊家族及舊職責的蹤跡。

諸多惡行

自主性及外形不定這兩個特徵，是現代對癌症的了解。不管我們稱它們為「醜陋的、變形的及難以控制的」，或是更學院式地說它們是「沒有形態的」及「自主的」，癌細胞的邪惡程度遠超乎「惡性」（malignant）這個字眼所能形容。事實上，說癌是「惡意」（malevolent）的反而更為恰當，因為它彷彿有著邪惡的意志。

個別單一的癌細胞是變形且醜陋的。雖然正常組織內的正常細胞，外貌極為類似旁邊的正常細胞；癌細胞群內的許多個體，其形狀及大小卻通常既不一致也無秩序可言。它們可能膨大、扁平、延伸、繞行於本身群體周圍，或在其他方面證明每一個體都好像是生來就具有其自主意志，它就是個獨立的個體。癌是一種細胞間的互賴及溝通都已崩潰的狀態。這一切都是從惡性細胞的遺傳特徵發生改變開始的。有些改變的原因諸如環境、生活型態及其他因素都已獲知，有些正在研究當中，還有些則尚未被發現。

雖然表面混亂、形狀大小也不一致，惡性細胞間卻未必總處於無秩序狀態。事實上，有些癌的所有個體都選擇了一種特定的一致外形，似乎出於刻意。這種惡疾好似為了拒絕世人對癌細胞沒有規則的預期；它們的細胞複製出無數個相同的自我，就如同無數個有毒的小蘋果，彼此之間十分相像，但卻又完全不同於它們的原屬組織。連它們的無法預知性都是無法預知的。

癌細胞的中央結構——即細胞核——比成熟同類的細胞核還要來得大、來得顯著，而且也和癌細胞本身一樣形狀怪異。它對其周圍原生質的支配性，因其活力提升而增強，在實驗室顯微鏡下，顯現出黑暗不祥的特徵。邪眼似的細胞核透露出另一種獨立性：癌在複製過程中，不是簡單地對分成對稱的兩半（也就是我們所知的有絲分裂），它的染色體（帶有DNA的細胞核成分）將自己排列成奇怪的形式，試圖以各種不正常的方式來繁殖，沒有任何精確性或是穩定性存在。一些癌的有絲分裂速度很快，以致經由顯微鏡的觀察中常發現細胞正在試著複製，且每一個都似乎是以自己隨興的方式進行。難怪那些衍生出來的細胞並不適存於那些它們原屬的、秩序井然的器官組織環境中。這一大群異類又非常好戰，不僅到處侵略，而且還趕走成熟的細胞鄰居，好讓它們能滲透並主宰周遭的領域。

總之，癌細胞是反社會的。由於已擺脫了支配良性細胞的約束力，這新形成的組織正企圖與寄主器官間形成一種無法控制且專橫的關係，同時還不甘於將侵犯的範圍受限於自己出生地的中心。無限制及無形態的成長，使得癌細胞能夠強行滲入周遭重要的結構，吞噬它們，阻礙它們的功能，剝奪它們的生命力。藉由這些方法，藉由摧毀己身所從出的器官，癌細胞在享用了維持生命的營養後，終於也奪走了漸漸病重的患者寶貴的生命。

雖然惡性細胞成長的過程一開始就如同顯微鏡下的現象一般渺小，但它一旦找到立足點，將不可避免地持續下去，直到能被肉眼觀察或是手所觸摸感覺到。有一陣子，這成長中的腫塊可能太小，或是被抑制住，以致沒有症候出現，但久而久之，癌症受害者必能感覺到有什麼不幸的事正發生在他身上。到這個時候，惡性腫瘤可能已經太大而無法治癒了。特別是在一些堅實的器官中，癌更可能在寄主感到它的存在之前就已經發展得相當大了。當然，就因為這個原因，癌贏得了無聲殺手這傳奇性的名聲。

以腎臟為例，等到流出可見的血尿，或是引起腰窩麻木的疼痛時，裡面的腫瘤可能已經很大了。如果在此時施以手術，也會因為牽連甚廣而效果不彰。腎臟原本褐色平坦的表面已被醜惡粗糙的灰硬塊吞噬掉一大片，還侵入鄰近脂肪組織，拖入了附近所有的組織，一連串侵犯形成一大塊皺摺的醜怪景象。在所有疾病中，癌症擔得起醫生們「大敵」的稱號。

肉眼可見的結構及其侵略行為，只是癌之諸多惡行中的兩種。惡性腫瘤行為中的最大欺騙方式，就是它看起來似乎避開了身體的正常防護力，讓免疫系統以為癌是本身的正常組織。至少就理論上來說，已經變成癌的細胞應該能由完整的免疫系統檢查出來，並將這個異類殺死，就如同殺死病毒一般。事實上這也在某些情況發生過。許多研究學者相信，我們的組織一直持續地製造癌細胞，而癌細胞也一直持續地被免疫系統的機制所毀滅。當監督系統失敗時，臨床上的惡性腫瘤就會坐大了。支持這種論點的一個例子，就是愛滋病患者身上的腫瘤，如淋巴癌及卡波西氏肉瘤。大體而言，在免疫系統已破壞了的個體，其惡性腫瘤的發生率，大約高於常人二百倍，卡波西氏肉瘤更是其他腫瘤的兩倍以上。今天生物醫學研究上最有希望的領域之一，就是對腫瘤免疫的研究，朝向強化身體對癌抗原的回應力。雖然已經產生一些有希望的結果，但大部分癌細胞仍繼續勝過科學家的研究進展。

正常細胞需要靠營養及成長因子的混合物來維持其功能與生命力。身上所有組織都沐浴在賦予生命力的營養液之中，即所謂細胞外液（extracellular fluid），它經由循環血液來交換物質，以保持乾淨及補給。血漿占了細胞外液的五分之一，其他五分之四都在細胞之間，稱為間質液。間質液大約占了體重的十五％；若你重約七十公斤，你的組織就浸在十公升的此種鹹性液體之中。十九世紀的法國生理學家克勞德．伯納（Claude Bernard）就用了「內部環境」（milieu intrrieur）這個術語來描述此種細胞環境的功能。這就好像史上最早的細胞群，在海底深處剛開始形成複雜的有機體時，把一部分海洋帶入自己體內，以便繼續受到滋養。惡性組織的一個獨特特徵就是，它們依賴細胞外液中營養及生長因子的程度降低。對周遭環境需求的減輕，使得它們能生長並侵入那些在一般情形下營養不足而不能生長的區域。

不過即使單一的癌細胞需求降低，整體癌細胞迅速繁殖的結果，營養需求還是會超過正常供給所能負荷。因此，即使每一個惡性細胞所需求的養分比正常細胞少，整體腫瘤的養分需求還是因細胞數上升而不停增加。如果腫瘤長得夠快，血液供給在一段時間後將不敷使用，因為血管新生的速度跟不上腫瘤增殖的腳步。

因此，一個大腫瘤會因為缺乏養分與氧氣而導致部分壞死。這也就是腫瘤易於潰爛、流血，且有時會在腫瘤中央或周圍留下一層厚厚的壞死組織之故。在乳房切除術尚未普及的一百年前，乳癌最可怕的併發症不是死亡，而是乳癌演變成侵蝕胸壁、流膿且有惡臭的瘤，所以古人稱「癌」為「惡臭之死亡」。

十八世紀晚期，著名病理教科書的作者喬凡尼．莫甘尼在做過癌患的病理解剖後，認為癌症是一種「十分汙穢的疾病」。即使在近代，當人們已經比較清楚癌症之後，惡性腫瘤仍被視為自我憎惡與衰敗之源，而這種令人厭惡的屈辱疾病理應被埋藏在善意的謊言之下。有許多罹患乳癌的女人自朋友中退縮，把自己禁錮於家中，最後幾個月都過著遁世的生活，甚至遠離家人。在大約三十多年前，也就是我接受醫學訓練的那個年代，我看到一些婦女因其癌病的情況已難以忍受才被勸來就醫。由於這些理由，至今我們在面對家屬或病患時，仍難以將「癌症」這個字眼說出口。我們這一代最難克服的困難之一，就是過去遺留下來，把癌症與恐怖、醜惡連在一起的想法。

一個快速繁衍的癌症可能會侵犯像肝、腎等實心器官，使它們能作用的組織少到無法維持正常功能；癌也可能阻塞像腸道這類中空器官，使適當的營養攝取變為不可能；癌症即使很小，也可能會破壞維持生命的中樞器官，像一些腦瘤便是如此；癌也可能侵蝕小血管形成潰瘡，導致嚴重的貧血，例如大腸癌與胃癌便是如此；在肺癌病人可見到由於腫瘤太大，以致影響含有細菌的痰液之引流，導致肺炎或呼吸衰竭而致死；癌症也可能透過幾種方法使人營養不良……癌症殺人的方法還有許多。以上所說的都只是原發性腫瘤對周圍組織直接侵犯而造成的死因。但癌症還有另一種殺人方法，亦即它不再是局部性的疾病，而是會廣泛地侵犯其他組織，這種機制被稱為「轉移」（metastasis）。

開拓殖民地

「meta」在希臘文的涵義是「在……之上」或是「遠離」，而「stasis」則代表「位置」或是「置於……處」。此字第一次引用，乃是希波克拉提斯用來形容一種形式的發燒變成另一種，而後來則被專門用來描述腫瘤的移行。在現代，「轉移」這個字已被用來定義惡性腫瘤——癌症具有離開原組織而移行他處的潛力。而轉移實際上就是原發性腫瘤的一部分移植至身體其他組織，甚至是遠處的其他器官。

癌症的轉移能力不但是其正字標誌，也是它最可怕的特性。如果癌症不會轉移，那麼外科醫生除了一些侵犯維生器官、無法不傷害生命而將其取出的癌症，將可治癒所有癌症。為了要移行至他處，腫瘤會侵蝕血管及淋巴管壁，而一些癌細胞也將脫離腫瘤而進入管腔內的體液中。無論是單一細胞或是成群結隊，這些細胞將被帶至其他器官，而在他處落腳與生長。由於轉移所經的血管與淋巴管不同，以及其他不明因素，不同的癌症會轉移至不同的特定器官。例如：乳癌易轉移至骨髓、肺、肝及腋下淋巴結；攝護腺癌易轉移成骨癌。無論腫瘤原發於何處，骨、肝、腎是三個最易被癌症轉移的器官。

為了要在遠處生根，腫瘤細胞必須十分頑強，以抵擋在轉移過程中所遭受的破壞。最顯而易見的危險，就是循環系統內的免疫系統會對癌細胞展開攻擊。若癌細胞在這「航行」的過程中生還，那麼它就會建立一個新家，並有可靠的營養來源。這意味癌細胞必須能夠刺激新生血管出現，以供應其營養所需，才能在新抵達之處建立一個癌殖民地。

正因為有上述這麼多困難，所以移行至他處的癌細胞，能生存下來並形成細胞群的數量非常少。實驗中將腫瘤細胞注入老鼠體內，只有千分之一的癌細胞在二十四小時後能存活；並且我們估計只有十萬分之一的細胞在進入血流後能夠存活下來並抵達另一器官，而能夠成功地植於其上者，又是更小的比率了。若是沒有上述障礙，腫瘤一長大到能脫落大量細胞至血液中時，就會立刻發生大量的轉移了。

經由局部侵犯與遠處轉移兩種力量，癌症逐漸開始干擾身體內不同組織的功能。管腔狀器官被阻塞、代謝過程受抑制、血管被侵蝕而引起小量或大量出血、維生中樞被破壞，並且體內複雜的生化平衡也變得紊亂。最後，終於使得生命無法再維持下去。

惡體質

除此之外，癌症在未被發現時，還有一些間接的侵蝕人體方法，伴隨癌症病程造成身體虛弱、營養不良，以及易於感染。癌症病人有非常普遍的營養流失情形，因此有一個專有名詞來形容它的效應：「癌症惡體質」（cancer cachexia），「惡體質」是源於兩個希臘字，意味著「壞的情況」，末期癌症常處於此狀況。它的特徵包括虛弱、食欲差、代謝異常，以及肌肉與組織的耗損。

事實上，癌症惡體質有時可見於一些癌細胞仍局限於某一處且腫瘤並不大的病人，因此腫瘤剝奪寄主養分並不足以說明上述事實。雖然腫瘤有能力剝奪一些寄主的養分，而且我們也對腫瘤有「寄生」的概念，但事實上，若以上述眼光來看腫瘤奪取病人養分這件事情，就可能把一個十分複雜的過程看得太過簡單了。例如：味覺的改變，以及腫瘤局部效應如阻塞、吞嚥困難導致攝取量不足，還有化學治療、放射治療等都有影響。許多研究證實罹患癌症的病人，其身體對於碳水化合物、脂肪、蛋白質等物質的利用都有某種程度的不正常，但原因不明。有些腫瘤甚至能增加病人的耗能率，因此使病人體重下降。此外，許多腫瘤，甚至患者自己的白血球，已被證明能釋出一種名為惡體素（cachectin）的物質，直接作用於腦部進食中樞而影響食欲。但惡體素並不是引起惡體質的唯一物質。許多種類的腫瘤能釋出各種荷爾蒙類的物質，以影響營養、免疫及其他維生功能，而這些影響在過去都被認為是腫瘤增加的「寄生效應」所引起的。

營養不良引起的問題，遠超過體重下降與身體損耗。健康的身體在飢餓時會以脂肪為主要能量來適應環境，但癌症病人並非如此——他們會先利用蛋白質。上述原因加上攝食不足，導致肌肉耗損；體內蛋白質總量下降，導致器官及酵素系統功能失常，並且對免疫系統也會造成重大影響。有證據顯示，腫瘤釋出物質中的其中一種會降低免疫力。雖然在理論上這也會促進腫瘤生長，但似乎免疫力降低導致增加感染的可能性，比腫瘤生長要嚴重得多，尤其是對於那些正在接受化學或放射治療的病人而言。

肺炎或膿瘍，伴隨著泌尿道及其他感染，常是癌患的立即死亡原因，而敗血症是他們共同的最終途徑。嚴重的虛弱與惡體質使病患無法有效地咳嗽與呼吸，增加了肺炎與嗆入嘔吐物的可能性。癌患的最後一刻是在深呼吸的嘎嘎聲中結束的，與麥卡提痛苦的咆哮截然不同。

在接近生命結束時，體內循環血量的減少以及細胞外液的下降，常造成血壓逐漸下降。即使血壓下降不引起休克，肝腎長期缺乏養分與氧氣也會導致肝、腎衰竭，即使這兩個器官沒有腫瘤。由於癌患多半是老年人，各種不同程度的匱乏常導致中風、心肌梗塞或心臟衰竭。當然若患者本身又有代謝上的疾病（如糖尿病），將使問題更加複雜。

到目前為止，上述已提過的癌症，在開始時都是局限在一個特殊的器官或組織內。惡性腫瘤中另有一小群在一開始時便分布得十分廣泛，或是在某一種特殊組織內多發，如血液與淋巴系統。例如：白血病乃是製造白血球組織的癌症，而淋巴瘤則是淋巴腺與相似構造的惡性腫瘤。白血病和淋巴瘤患者特別容易受感染，感染也是此類疾病的主要死因。淋巴瘤常見的一型為何金杰病（Hodgkin's disease）。

在述及何金杰病時，必須指出這是二十世紀後期最具代表性的生化醫學偉大成就之一。三十年前，幾乎每一個何金杰病患者都死於此病，除非是在診斷疾病至死亡這段期間內有其他意外奪走病人的生命。但自那時開始，醫學界對此淋巴腺癌了解漸深，若施予適當的化學治療及高電壓X光治療，五年存活率可達七〇%，而若其侵犯範圍仍為局部性，則可高達九五%。五年後的復發率逐年下降。不只是何金杰病，一般的淋巴瘤現在也是最有希望治癒的癌症之一。

淋巴癌患者的前途，只是癌症治療法進步的一例。另一個例子是兒童白血病。五分之四罹患此病的兒童，其疾病形式為急性淋巴性白血病（acute lymphoblastic leukemia），以前幾乎每個病例都會致命。今天，淋巴性白血病的五年持續緩解率約為六〇%，而且大部分這些孩子都將被治癒。雖然到目前為止，只有一些像前述二例一樣絕對成功的例子，但是整個對抗癌症的趨向可使我們保持謹慎的樂觀態度。基礎研究，對臨床現象的新解釋，藥理和物理科技的創新，以及經過詳細解說的病患願意加入大規模的臨床試驗，都是造成近幾十年巨大改變的重要因素。

欲罷不能

在我出生的一九三〇年，被診斷為癌症的病人只有五分之一能存活五年以上。到一九四〇年，情形變成四分之一。現代生物醫學研究在一九六〇年代開始受到重視，而當時存活比例是三分之一。現在，四〇%的癌患在診斷後能存活五年以上；經由適當的統計修正，扣除諸如一些死於心臟病或中風等無關疾患的數目，至少有五成的病人能活過五年。眾所周知，若病人五年內未再發，則最終復發的可能性將大為降低。透過早期診斷以及前面所提過的因素導致的醫療改善，使得上述的進展成為可能。治療技術的改進，以及對晚期疾病診治的持續革新，帶給今日癌症病人新希望。但矛盾且悲哀的是，這種希望正強迫今日的病人與醫生面對一個極端為難的困境。

我的臨床工作，恰好在一個充滿實際希望的時代中，在這個時代我們感受到對抗癌症的解決之道乃在於了解更多的細胞生物學，而不是倚靠那古老且過於簡化的外科手術。當我們學到更多有關癌細胞的知識時，越來越多的新方法被發展出來，以對抗癌細胞的破壞工作。治療成功產生的樂觀主義使人們趾高氣昂，甚至失態；但它有時在哲學上也表現出醫學治療必須前進至能證實無效為止，或至少讓醫生滿意為止。

醫學的極限至今未明，但可能有太多的期望置於其上。或許因此在醫生中出現了一個共有的信念——不只是信念，在今日許多人認為這還是一種責任——萬一治療決定有所錯誤，與其失在少做，不如失在多做。多做些事似乎是為了滿足醫生所需，而不是病人所需。一些神奇治療的成功，常使醫師認為他能做一些超出自己能力範圍的事，以及救起一些或許不會希望被救的人

Chapter 11

Hope and the Cancer Patient

癌症病人與希望

對一個年輕的醫生來說，沒有任何一個課題比得上「不使病人失去希望」來得重要，即使這些病人明顯正邁向死亡之路。常常聽到的說法是：病人希望的來源是醫生本身，以及醫生所掌握的資源，因此，唯有醫生有權力給予希望、抑制希望，甚至消滅希望。這個說法並不是完全錯誤，但也不是完全正確。除了醫學成就和醫生的能力，病人本身以及愛他的人所擁有的力量更強大。本章與下章我將討論癌症末期的病人，他們的希望，以及我見到這些希望如何被增強或減弱，有時甚至被完全摧毀。

「希望」是個抽象的詞彙。事實上，它不只是一個詞；它是一個深奧的觀念，在我們人生不同時期、不同環境而被賦予不同的意義。甚至政治家也知道利用這個詞彙操控人心與選民的意志。

檢視我的韋氏大字典，「希望」這個名詞有五個不同的闡釋意義，還不包括同義字。這些意義的範圍從「穩固期望的最高層次」到「至少有一點期望」。其中一個解釋，我們看到將「希望」當不及物動詞使用的例子，而這便是許多癌症末期病人問題的關鍵：「和希望矛盾的希望」（to hope against hope），這裡編字典的人將它描述為在毫無理由的情況下依然抱持希望。而一個醫生最大的職責就是給予他的病人理由去相信希望存在。

牛津英文字典中，有六十多個例子說明此名詞的不同用法。真的，希望帶來永恆，即使不必然是有意，至少有傾向要造一個字，涵義就是「我要的意思，『不多也不少』」；正如《愛麗絲夢遊仙境》的矮胖子（Humpty Dumpty）向愛麗絲所輕蔑宣告的。希望所帶來的意義，恐怕是約翰生（Samuel Johnson）所做的解釋最好：「希望本身是一種幸福，也許是這世界所能提供的主要幸福。」

所有這些希望的定義，有一點是共同的：都涉及到某種尚未實現的期望，一種未來目標會實現的感覺。在《苦難的本質》（*The Nature of Suffering*）一書中，醫學人文學者艾力克．卡塞爾（Eric Cassell）以極大的敏感度論及重症時希望的意義：「強烈不幸導因於失去未來——個人的未來、孩子們的未來，以及其他所愛的人的未來。希望就是存在這個層面上，是成功人生必要的特質之一。」

我想說，一個醫生在病人的人生盡頭，能協助他尋找的希望很多，但要超越這一切的是一種信念：最後的成功將會使現在的苦痛微不足道。醫師們常常誤解了希望的內涵、本質，而將之歸為治療的工具或減輕痛苦的方法。欺騙一個已受癌症控制的病人，說他仍有可能過數月或數年無症狀的生命，似乎是必要的。如果問他為何要這麼做，他的答案可能是：「因為我不想帶走他唯一的希望。」這樣做都是出於善意，但對一個被醫生誤導的患者而言，在他屈服於不可避免的死亡之前，這條由善意鋪設而成的往生之路卻常常成了他必經的痛苦之路。

有時醫生只是在維繫自己的希望，欺騙自己採取成功機率小到不值得一試的治療方式。他使自己及重病患者身處於「正在盡力做」的醫療狀態下，以否定隨時都可能會出現的死亡。從醫生這一行可以看出目前的社會拒絕承認死亡的力量，甚或死亡本身。在這種情況下，醫生多訴諸一種無效率的拖延做法，愛荷華大學的威廉・賓（William Bean）教授所謂的「繁多的科學醫療設備，來維繫著已失去一切希望的一絲生命。這可能是為了保存現有的象徵性生命徵象所做的最浪費、最可笑的做法，而最終完全的死亡也只是暫時地受挫、受阻而已」。

在此，賓教授不僅是指呼吸器或是其他維持生命的人工設備，更是指整套的做法，好逃避上天一向獲勝的事實。這就是無稽的希望；但幾年前當我哥哥哈威被診斷出罹患轉移性的腸癌時，我自己也屈從於這種「和希望矛盾的希望」。

關心則亂

哈威開始擔心一些特殊的症候時，他是個健康的六十二歲男人，偶然有特別症狀才找醫生，不怎麼願意接受醫療監督。他結實的身體上大概有五至七公斤的贅肉，但還不能說胖。身為紐約一家大會計師事務所的執行合夥人，工作對他而言是極大的滿足，雖然需要很長的工作時數及重大的責任；或許就因為需要長時間工作及擔任重責，更能讓他滿足。但他的工作並不是生活焦點，哈威的快樂全放在家庭之上。他到了三十好幾才結婚，年過四十才當上父親；加上我們兄弟分離兩地，使得家人之間的親密成了他生命中最重要的部分，甚至是最神聖的生命禮讚。

一九八九年十一月的一個早晨，哈威打電話告訴我，他腸子不太對勁，疼痛了數個星期，前一天下午才剛由他的大夫發現腹部右側有個腫塊，當天就要去照X光，而他只是要我知道這件事罷了。他試著描述得稀鬆平常，但我們從小穿同條褲子長大，根本騙不了我。然而他也不會接受我安慰他的話。即使是這個毫無心機的人，也不會輕易相信好話而減輕憂慮。我們彼此了解，就如同其他親兄弟一樣，只是我知道這可能會有多嚴重。一個六十二歲的人有個疼痛的腫塊在腸內，又有著腸癌家族史，這幾乎確定了罹患部分阻塞的惡性腫瘤——而且可能已惡化到任何治療都幫不上忙的地步了。

X光片證實了我所害怕的事，哈威也進了一所大型的大學醫療中心。他選擇那家醫院是因工作之故認識那裡腸胃科的一位資深醫師。我所推薦的外科醫師正好去參加一個全國性的會議，但我們都覺得事態嚴重，不能再拖，於是便由一位我不認識但受到那位腸胃科專家高度評價的大夫執行手術。哈威體內有一個很大的腫瘤，已侵入右結腸組織，事實上已蔓延到淋巴結。腫瘤在腹腔內擴散到無數的組織及表皮，肝臟上至少有六處轉移，腹腔內可說到處都充斥著癌細胞——實在是糟得不能再糟。而症狀不過才出現幾星期而已。

總之，醫療組打算除去腸內已受腫瘤占據的部分，如此哈威的病情方能遏止。但一些癌細胞卻顧不到——亦即那些散布在無數組織及肝臟的部分。在哈威手術後的恢復期間，我一直在真實病況與治療方法這兩個問題間掙扎。我必須做決定，因為我哥哥一定會照我說的去做。但我又如何能客觀地為自己的親手足下醫療判斷呢？然而，我也不能因情緒傷痛而逃避責任，否則不但對不起哈威，也對不起他太太蘿瑞塔，以及兩個正在念大學的孩子。

從哈威的醫生群那兒似乎不可能得到幫助，或甚至諒解。他們看起來十分專注於自己的職業，露出不可近人的冷漠。他們似乎離我們的情感很遙遠。看著這些人道貌岸然地巡房，我對自己生命中出現的悲劇覺得感激，因為如此才使我和這些醫生不同。多年來觀察這些大學裡受過高度訓練的專家——他們也是我同事，使我相信多數醫生是有同理心的的，只有相對少數會如此孤立。但在此地，這種少數醫生似乎掌控著全局。

因著肩上的責任，我接二連三地犯錯，雖然那些決定都是出於善意，也無法減輕我在回想時的痛苦。我當時相信，告訴他所有的事實將會「帶走他唯一的希望」，而做了我警告其他人不該做的事。

哈威有對湛藍的雙眼，我及自己的四個小孩也都如此。我們的藍眼珠都繼承於我母親。在手術後的第一週，每當我去醫院探望時，他的雙眼都因嗎啡或諸如此類的麻醉劑作用而緊縮得如針頭般大小，這是因為從肋骨長達恥骨的手術傷口不間斷地疼痛所引起。他近視很深，但那段時間都很少戴眼鏡，因此我在那對不可思議的藍眼睛裡看到的眼神，就像回到了過去，我們小時候利用放學後打工前短短幾小時的空閒時間去玩棍球時一樣。疾病多少恢復了哈威早年的童稚，以及他對我的信賴。他再次成為一個男孩，一個我小時候常尋求意見及幫助的大哥。而健康的我，仍然是個成年男子。在手術後那段期間，我決定要保護兄長，不要像那些知道治療已無希望的人一樣受苦。回顧起來，我現在才了解到，其實我要保護的，還有自己。

我不知道有任何化學治療或免疫療法可以延緩這麼末期的癌症。在新海文市，我找同事們一起「討論這個案例」（一種婉轉的說辭，其實是欲藉此從他們腦中挖出些東西，以獲得奇蹟）。有幾次我試著去和哈威的醫生們談談，結果換來的不過是挫折及其醫學態度上的傲慢。我聽說過一種實驗中的新療法，合併使用兩種從未被試過的治療劑。其一是五氟尿嘧啶（5-fluorouracil），可以妨害癌細胞的新陳代謝，另一種藥物則是干擾素（interferon），可以抵抗腫瘤，但原因不明。這五氟尿嘧啶－干擾素合併療法在接受試驗的十九名患者中，有十一名病患身上的腫瘤變小，但沒有治癒任何一人，這也是唯一做過的試驗。少數病患有程度不同的中毒副作用，其中一人甚至因此而死亡。

在哈威的醫院裡，我找到一位對此種合併療法有經驗的醫生。我讓自己身為兄弟的本能壓過作為外科醫生的判斷，在我的職業生涯中治療過無數得到不治之症的病患。儘管我的理智告訴我，使腫瘤消退已不可能；但不知是什麼使我相信，也許這個唯一的醫學實驗恰巧真的具有治癒效果。就在我兄長罹患了無可救藥的癌症時，我真會認為剛好有種可能的治療法甚或緩和劑，在這個時刻奇蹟地出現嗎？現在回想這件事，我不確定我當時是怎麼想的——我似乎只是因為無能告訴哈威真相而出此下策。

我無法面對哈威，告訴他，我應該說的話；我無法承受這傷害他的負擔，所以我犯了錯：本來如果不去阻止即時來臨的死亡，他還可能過得舒服一點；但我卻自以為給了他「希望」。

我望著他孩子氣的湛藍雙眼，知道他在要求我解救他。我知道我做不到，也知道自己不能剝奪他的希望，他認為我終究會找到一線生機。我告訴他癌在結腸及轉移到肝臟的狀況，但並未透露其他部位或是腹腔蔓延的程度。我從未想要告訴他，我知道的診斷結果是活不過夏天。我完全回歸到曾教導過我的教授們在上個世代所說的話，設想錯誤的保護性格言：「樂觀共享，悲觀自藏。」

此外，我還從哈威的眼中及談話中得到暗示。任何一個曾經治療過癌症病患的人，絕不會小看我們所謂「否認」的潛意識機制；對一個病重的人而言，它可真是亦敵亦友。否認能保護病人，但也阻止病人了解病情；可以暫時和緩嚴重性，但終究讓人更難接受結果。伊莉沙白·羅斯（Elisabeth Kbler-Ross）曾把診斷出絕症的病人一系列反應加以分類；而每個有經驗的臨床醫生也都知道，一些病患從沒有跨越過否認病情的階段；許多患者則是直到過世時仍然拒絕承認大部分的病況，儘管醫生努力說明每個新出現病徵的意義。否認的影響力本身即常被否認。哈威有一流的心智、良好的聽力，更別提他這種慣於處於逆境的人身上常見的敏銳洞察力，但是——一次又一次地——直到他生命的最後數日，我被他強大的抗拒力所震驚。他的心裡總是拒絕接受已了解的事實。冀望要生存下去的喧囂聲，已淹蓋過欲知實情的請求聲了。

身為一個即將辭世患者的醫生或是所愛的人，當我們希望病患能有充分的權利來選擇如何安排最後的時日時，病患對死亡的抗拒就成為影響我們善意考量的兩種原因之一。對清楚了解病情進展的瀕死病患而言，由於時日無多，他們幾乎全都不願意承受劇烈的戰鬥，去對抗不可避免的死亡。問題在於要「清楚了解病情進展」時，理性與邏輯有時並不管用，最大的阻力就是否認。雖然患者還健康時，常事先簽下意願書，放棄復甦急救，但事到臨頭，相當多的垂死者又否認時機已到，這樣的例子屢見不鮮。當籌碼減少時，幾乎沒有人願意讓生命就此結束，讓意識避免面對它的最好方法，就是讓潛意識去否認那即將發生的事實。

誤導

另一個阻礙，就是患者拒絕運用其獨立思考及自我決定的權利——換言之，就是他們的控制力。精神分析學者兼法學教授傑·凱茲（Jay Katz）曾使用「心理自主性」（psychological autonomy）這個術語，來表示此獨立的權利。受到疾病的蹂躪及面對著可怕狀況隨時到來，這些身心俱疲的患者多半不願意——或情緒上不能夠——去運用自主性。在這樣的情形下，病患希望受人照料並交出做決定的責任的需求並不容易處理，而且可能導致錯誤的決定。只有患者及照料者能共同思考時，才有可能減輕問題。如果能做到雙方共同思考，臨終的患者有時會決定要更主動參與自身事務，而他原先以為自己沒有能力決定。但如果患者不願意參與更多決定，他的意願也應受到尊重。

由於想要做出對哈威有益的決定，我成了哈威希望我扮演的人，藉此滿足了他對我以及我自己的幻想：一個念醫學院的聰明弟弟，成了全知全能的醫療預言者。我無法拒絕提供他需要的這個希望：我會統御最先進藥物，並將他從死亡邊緣拉回來。這是每位醫生意識裡共有的自我形象，而我的親兄弟便透過他的雙眼，說服我屈從於這個形象。如果我能再聰明一些，或是詢問立場客觀也熟識我的同事，也許我就能了解，給予哈威想要的希望，不僅是欺騙，衡諸實驗藥物的毒性，投藥更是增加大家臨終前的痛苦。

在手術後僅剩十個月的生命中，哈威三度需要住院治療。第一次是接受化學治療，接近生命終點時是因為增長的癌細胞又阻塞腸部，這回可是完全的阻塞。我們把阻塞打通，使他能從口中攝取足夠的液體食物，以避免再次開刀，但卻無法維持他之前已經逐漸減弱的營養狀況。住院是最困難的一段時期，也留下了最痛苦的記憶。

哈威的兒子塞夫原本離開學校一年，到以色列一家合作農場工作；此時即回家照料父親，因為哈威堅持其妻蘿瑞塔不能放棄在當地大學的全職工作。一個週五下午，塞夫打電話跟我說，哈威躺在醫院急救室外的擔架床上已有兩天之久，因劇烈的藥物毒性反應而非常痛苦，且數度昏迷過去。他、他的姊姊莎拉及蘿瑞塔輪流隨侍在旁，雖然哈威常不知道家人就在身旁。這整棟醫院已無任何床位。藥物的中毒反應——作嘔、腹瀉、骨髓製造白血球能力的降低——從一開始就是問題，但越來越無法處理。病情現在已經明顯失控了。哈威的主治大夫適逢休假在外，其他醫生似乎漠不關心，或是除了靜脈注射外也無能為力。

次日上午我到達醫院時，發現混亂的急診室裡每個小隔間均已住滿。外面狹隘的走道上至少擠了七張擔架床，一些我所看過最嚴重的病患被集中在一個小區域，看似均罹患愛滋病或是末期癌症。我謹慎地穿梭在病患及憂慮的病人親友之間，終於看到我的侄子哀傷地站在已無知覺的父親身旁。擔架床腳則坐著我侄女，彎腰凝視著地面。她朝著我的方向看過來，試著給我一個微弱的微笑，但淚水立刻流下了臉頰。

哈威停在擁擠的醫院走道、時昏時醒的那三天，體溫都在三十九至四十度高溫徘徊。儘管體力透支的護士們努力地對每個人提供起碼的基本照料，加上哈威妻子子女們在旁協助，他仍有很長的時間躺在液狀排泄物中，因為受到腸內藥物作用而產生一陣陣的腹瀉。甚至在意識比較清醒之時，絕大部分時間他都不確定身處何處，也不了解自己現在的狀況。

我找到一位正為如何安置病患而苦惱不已的住院醫師，她不斷嘗試打電話給住院處安排嚴重的病患住院，很願意為我們做一次努力，也很高興有機會利用我在醫界的關係，至少為一個病患找到真正的床位。值勤的一定是位容易受影響的職員，因為我的策略馬上就生效了——在兩小時之內，哈威移到樓上的病房。當我們推著他走向電梯時，我帶著罪惡感偷窺了一下我們所撤出的地方，一位年紀與侄子相若、卻已疲憊不堪的男孩，俯身朝向一張覆蓋著毯子的擔架床；他正對顫抖不已的朋友喃喃細語著，又一個罹患愛滋病且已離死期不遠的年輕朋友。

哈威為這個未實現的希望，付出高昂的代價。我給了他嘗試不可能的機會，雖然我知道嘗試可能會帶來極大的痛苦。事關我自己的兄長，我忘記了（至少是遺棄了）數十年經驗所學得的教訓。再早個三十年，沒有所謂的新式化學治療，他的死亡時間可能和現在治療後也差不多，他也一樣可能死於惡體質、肝衰竭與長期性化學失衡；但他的死將不會受到徒勞無功的治療摧殘，也不受「希望」所誤導，藉著這個希望，我向哈威、他的家人和我自己否認最後的命運。

當我向一些末期癌症病患解釋新療法的成功可能性渺茫，又常常有危險的中毒性反應時，有些人就明智地決定置之不理，以其他方法來找到他們的希望。

在哈威從幾乎致命的狀況下回復過來時，初期對新療法有五〇％萎縮反應的肝臟轉移病灶再次增大。由於這個因素，以及其他部位的癌細胞仍不斷增加，已經沒有理由再接受化學治療了。他返回家中，準備面對死神的到來。

這個時候，我找來了當地的安寧病院。我是康乃狄克州安寧病院的董事，我自己許多已到末期的癌症患者，都從這些醫護人員奉獻心力的照料中得到不少幫助。他們的目標正是給予撫慰，且患者及親人生活的全部都是他們關心的範圍。當地的安寧病院即刻展開工作，告訴蘿瑞塔處理家務的方法，以使哈威的煩憂減至最低；教導塞夫如何使用止痛藥和止瀉藥，並學習有用的技巧幫助父親在屋內行動。

當持續成長的癌細胞終於阻塞了腸道，哈威不得不再次住院。小腸內許多部位都受到腫瘤的侵占而緊栓成塊，以致任何手術均屬徒然。就在情況已看似無救時，腸道忽然自然打開了足夠的通道，所以哈威又能返回家中療養。這次，我請求我最先選擇的外科大夫接手，他找回了我們的信賴感、親切感及對此事的共識，我為此感到十分感激。

即使安寧病院人員時常來訪，加上塞夫給予的無私照料——塞夫自那時起即成為哈威固定的陪伴及看護——哈威還是越來越痛，也越來越虛弱。狹窄的腸道使得些微的營養也不易保留，必須使用栓劑式的藥物。哈威已經失去了大量的體重，而惡體質又快速地惡化。

我造訪之時，哈威與我常一同坐在沙發上，並試著為彼此打氣。有幾次，我們短暫地獨處時，談到了蘿瑞塔、孩子們以及他身後的事情如何安排。有時我們談的不是他將失去的未來，而是些似乎昨天才發生的陳年往事，當時還是住在布朗區跟祖母說意第緒語的男孩。自從個性強硬的兩兄弟結婚後，人生走向不同的方向，過往細微的爭吵、偶爾的衝突都已遠去。在那最後的幾星期內，提到我以前遭遇困境，而哈威是唯一知道如何幫助我的人，確實令我感到慰藉。二十多年前，我曾拋開生活上的所有問題，獨自跑到遙遠陰鬱的海邊去，就因為他一直深信我會回來，我也因此歸返。儘管我們之間有時會有點距離，卻從未懷疑彼此之間的愛，而此時互相表露真情十分重要。每當我要回新海文時，都會親吻哈威，而最後一次是在哈威告別他長期病痛、辭別人世的前兩天。他在和妻子共眠多年的床上安詳地過世。

葬禮後的數日裡，我每天早晨都帶著塞夫及莎拉到猶太會堂去朗讀哀悼的祈禱文。不到兩年前，我曾在同一座會堂參加過榮耀哈威成為會眾領袖的聚餐。我能背誦悼文的字字句句，因為自從五十年前那個寒冷的十二月清晨，哈威和我站在母親的墓前第一次朗讀之後，我就常常背誦。

怕痛的律師

在此高科技的生化醫療時代，當新療法的可能性奇蹟似地天天出現在我們眼前，意欲了解其療效的誘惑就變得更大，這種情形下，常識往往派不上用場。但這種希望常是一種欺騙，最後常證明是傷害，而非一開始以為的勝利。

身為病患、家屬，甚至醫生，我並不是第一個建議我們需要由其他方法找到比較實際的希望，而不是一味追求充滿危險、虛幻性療法的人。不論是癌症或是其他絕症，希望均需重新定義。一些病重的患者曾教過我，當死亡已不可避免時，仍可能出現的種種希望。但願我能發現很多這樣的病患，但事實上這樣的人卻是極少。幾乎每個病人都願為其病情冒險一試，儘管醫生指出機會相當渺茫。通常他們都因此而承受痛苦，為此浪費最後數月的生命，卻終究難免一死，徒然增加了他們及愛他們的親人的負擔直到最後一刻。雖然每個人都冀望能安寧地走，但求生的本能仍然更為強大。

約在十年前，我曾治療一個病患，絕望感及對治療的恐懼，使他轉而尋求醫療以外的希望。他放棄了治癒的可能性並安於死亡，心想若有奇蹟發生，也一定是來自他本身，而非來自熱心的腫瘤專家。

羅伯特·狄馬蒂是位四十九歲的律師，兼為康乃狄克州一小城的政治領導人物，非常害怕醫生。在那十四年前，我曾治療過他在車禍中所受的傷，並對其無法忍受治療期間任何一點小小的不適深感訝異。雖然他的妻子卡洛琳正是位護士，他還是一看到穿白外套的人影就害怕發慌。卡洛琳曾經跟我說，羅伯特常堅持要她換掉護士服裝，因為在家中看見護士打扮會令他心煩。

他是那種不接受別人號令的人。他似乎為自己的倔強頑固感到驕傲，最佳證明之一，就是他出了名的不在乎自己的健康。他不僅忽視自身的健康，更輕視一切和身體有關的事，對食物的巨大胃口使得身高一百七十二公分的羅伯特重達一百四十五公斤。對家人、廣泛的朋友圈以及求助於他的鎮民而言，這個看似不愛與人結交的傢伙其實是個熱心、合群的人。雖然他巨大的體型和緊蹙的眉頭，對膽小的人有威嚇效果。其實他極度忠實也善於爭鬥，習慣大家對他的敬重。他低沉而聽似具脅迫性的聲音特質，使得他即使是溫柔說話亦似咆哮。

他看起來一點也不像是看到護士拿著皮下注射管就臉色大變的人。他嘲笑自己的恐懼，但他的恐懼常常阻礙了適當的治療，在他外傷住院的期間，還不止一次不讓我以適當的治療方式處理傷口。

有這些十四年之久的記憶為背景，當羅伯特的內科醫師在一個五月中旬下午來電時，我感到相當難過。羅伯特那天上午因大量便血入院，正在接受輸血。我看見他時，他提供的線索讓我相信在此次大量而突然的出血之前幾個月，他已經滲流少量的血了。他說自己二月起就感到腹部有漸漸惡化的不舒適感。他也描述了排泄物氣味確實有了一點變化。排泄物的顏色未變，但新味道的存在是明白無誤的——由於出血所致。一個月前，卡洛琳終於拖他去檢查，在不斷的抗議聲中完成了一連串的X光照射，X光片顯示出十二指腸有表面的侵蝕，但卻非潰瘍。在迴盲瓣——即小腸與結腸連接部位——發現有厚塊。醫師並未發現有腫瘤存在。

羅伯特住進耶魯新海文醫院的幾小時內，出血就停止了，因此可以進行完整的腸道檢查。診療時所注重的部位集中在結腸而非較高的腸胃道，是因為在X光片中所找到的特殊厚塊及其他症狀。當經由結腸鏡發現迴盲瓣上並非厚塊而是腫瘤時，我們並不覺得意外。

正如所預期的，羅伯特在得知他必須進行手術時，歇斯底里地拒絕同意施行手術。在冷靜下來一陣子後，他開始咆哮、埋怨甚至咒罵，但在其妻力勸之下，還是點頭答應了。我未曾帶這麼害怕的病人進入手術房過。當麻醉劑開始生效時，我總是儘量陪伴在患者身旁，輕握其手與其說話。但陪在羅伯特旁邊卻是從沒有過的經驗。後來，我在開始刷手之前必須先按摩手指數分鐘，因為在他不情願地讓自己麻醉時，握我的手簡直用力到像是要把我的血從手指擠出去似的。

手術後的發現令人震驚。我以為會看到一個剛剛開始因潰爛出血的小腫瘤，結果卻看到「近迴盲瓣的盲腸有個低度分化原發腺癌，透過腸壁侵入結腸周邊脂肪，淋巴與血管受到廣泛影響，已有八至十七個淋巴結有轉移發生」（這是錄自當時的病理報告），腫瘤中央已經壞死且深度潰瘍，這就是大量出血的原因。

雖然還沒發現遠處轉移，但羅伯特的癌細胞明顯具有侵略性。它已在血管及淋巴管廣泛擴展，因此幾乎可以確定循環系統中會出現大量的癌細胞。同樣可以確定的是，已經有部分癌細胞蔓延到肝臟，只是數量很少，或是部位太深而尚未有感覺，發現已是早晚的問題。羅伯特的病情的確十分嚴重。

羅伯特和他看起來的樣子一般直言不諱，也很容易聽出任何遁詞和藉口。他要求知道他所面對的問題——鉅細靡遺，毫無保留。不只對哈威，我也常預留空間好讓病患詢問其詳細病況，對羅伯特的問題也很歡迎，即使我猜也許會後悔像他所要求的一樣坦白。我告訴他一切，等著他爆發至歇斯底里的狀態，然後再崩潰到深沉的沮喪心情。但事情並不是這樣。

他並沒有任何情緒上的爆發——一點也沒有。冷靜、理性和接受，取代了我猜測的反應。早在他們談戀愛的時候，羅伯特就告訴過卡洛琳（直到現在她仍不知道為什麼），他活不到自己五十歲的生日，而他的預言即將實現。在手術之後的第一次談話中，羅伯特就已知道自己將死於癌症，他也打算就這樣順其自然。羅伯特不信教，但他自己有著一種長久的信念，該信念就成為穩定其剩餘生命的支柱。

羅伯特推斷著自己的時日，不依靠腫瘤專家。由於病情日益嚴重，他的妻子及內科醫生提出了醫療會議的意見。羅伯特與我對此都不怎麼熱心，但為了安慰卡洛琳，他願意和腫瘤專家談一談。卡洛琳一心要知道所有的可能性。在那時候（甚至是十年後的今天），我未曾見過任何一項醫療會議的結果不是建議繼續治療，除非是非常初期的癌症，外科手術即可完全治癒。羅伯特的案例也不例外，卡洛琳也勸他接受醫療會議所建議的化學治療。

化學治療卻因為一個肥胖者的特殊原因而延緩：羅伯特皮下油脂層太厚，使得我在手術中不敢縫合，唯恐皮下深處有隱藏性的膿腫。為了確保澈底癒合，我被迫將切口由下而上地縫起，也因此停止了一段長時間的藥物治療。到了可以再開始之時，快速擴展的肝癌已大到足以由放射性同位素中測知了。

在著手開始化學治療之前，腫瘤專家和羅伯特做了一次「廣泛而坦白的討論（這是那位醫師後來寫給我的信中所描述的），詳盡地說明移轉的範圍程度，且若化學治療不管用時，他可能在接下來的三至六個月內撒手西歸」。信中他提及「羅伯特非常感謝這次坦白的討論，他並保持著審慎樂觀但亦實際的態度」。

此時，羅伯特恢復了他手術後所失去的約九公斤體重，同時也沒有任何症狀。事實上，他感覺不錯。他知道藥物已派不上用場，只是基於腫瘤專家所說的輔助或預防狀況而使用。我懷疑羅伯特是否期望治療；更有可能的是，他是為了卡洛琳及他們二十歲的女兒莉莎而這麼做。不論如何，治療開始進行了。

在兩星期內，發高燒，便祕、腹瀉交替出現。肥胖雙臀間的皮膚因其排泄物的侵蝕而變得鬆弛、紅腫。化學治療不得不停止。這時候，麻醉劑也必須用來控制腫大的肝臟所引起的疼痛。不久，羅伯特再也無法到辦公室工作了。

羅伯特的肝癌以驚人速度變大，轉移的部分遽增，肝臟正逐漸為癌細胞所占據，黃疸病也隨之而來。骨盆腔內有大塊的腫瘤出現，他的雙腿也因下半身血管受到癌的壓迫阻塞而腫脹。羅伯特幾乎不能在屋內行動。由於卡洛琳上班工作，莉莎就待在家中照顧父親。幾年後莉莎告訴我：「我們花了許多長夜，漫談家人及彼此之間的事。那時就和以前一樣親密，在那最後幾個月，我們甚至變得更親近了。」

好好過個聖誕節

聖誕夜那天，我到羅伯特家去探訪。他們家位在小鎮郊區遍布樹林的小山丘上，小鎮的政治事務是他長久生活的動力。幾個小時前天上就已開始飄雪，好似要榮耀一個臨死之人的聖誕心願。對羅伯特而言，這個節日總是代表著早期十九世紀狄更斯式歡樂的想像，他也置身於此快樂喜悅之中。自他們結婚後，每年的這個夜晚總是冠蓋雲集，邀請各色客人的唯一標準就是：主人希望和他們一起共享快樂時光。他喜歡人群，越熱鬧越好，他情緒高漲，即使是他習慣性的皺眉蹙額，也在此歡樂氣氛中消失了。就在每年這個節日即將開始之時，他習慣朗誦——不是宣讀，而是背誦——狄更斯的《聖誕夜怪譚》給莉莎及卡洛琳聽。狄更斯正是他最喜愛的作家，而這個故事就是他最喜愛的一部作品。

羅伯特決定要使他的最後一個聖誕節和以往一樣。當卡洛琳鼓起勇氣笑著開門時，我邁進了這已經準備好舉辦歡樂宴會的屋內，一張餐桌大約可容納二十五人，裝飾已經完成，掛滿小燈的聖誕樹被一大堆禮物蓋住了。客人至少要一小時後才會陸陸續續地抵達，所以羅伯特和我有充裕的時間談我到訪的理由。我是來談關於安寧病院的事——既然病情日益嚴重，且莉莎一個人能做的有限，我希望安寧病院對羅伯特有所助益。

我們坐在羅伯特的病床旁，偶爾我也輕握他的手。握著他的手多少能讓我更容易和他交談。我們是兩個年紀相同、生活經驗卻很不同的人，而其中之一幾乎已無將來可言了。但在他所剩餘的短暫生命裡，羅伯特依然能看見他自己的希望。他的希望就是到他嚥下最後一口氣時，他還是羅伯特．狄馬蒂，且會以過去的模樣留在人們的心中。好好過最後一個聖誕節，正是達到這個希望的主要部分。他告訴我，之後他就會接受安寧病院的照料，直至最後一日到來。

在我向這位不尋常的人告別時，我沒想到他會這麼有勇氣，哽咽的人是我而不是他。客人快來了，羅伯特也急著開始費力的著裝過程，我在那裡只會提醒他宴會結束後的無奈，因此我離開了。邁入雪夜時，他從臥房裡叫住我，要我多留意陡滑的山坡路：「那兒蠻危險的，醫生。聖誕節可不是出事的時間哪！」

羅伯特那晚的宴會很成功。他要卡洛琳降低電阻器，這樣客人們在昏暗的燈光下就看不到黃疸病的嚴重程度。晚餐時，他坐在嘈雜又笑聲四起的餐桌首位上，雖然已經很久無法進食來獲取足夠營養，但他依然裝作正在用餐。在那個漫長的夜晚，他每兩小時都要到廚房，讓卡洛琳替他打一針止痛劑。

當所有賓客陸續道別——好多都是數年、甚至數十年不曾碰面的朋友——羅伯特回到房內，卡洛琳問他這個宴會如何。到今天，她依然記得羅伯特的回答：「也許是我這一生中，所過的最好的聖誕節。」然後他又附加一句：「妳知道的，卡洛琳，在死之前日子還是要過的。」

聖誕節後四天，羅伯特就及時接受了安寧病院提出的家庭照顧計畫。除了噁心、嘔吐及肝臟、骨盆內腫瘤所引起的疼痛，他現在又發著高燒。除夕夜燒到四十一度。液狀的腹瀉常常無法控制，還會使他失去知覺。雖然病情已經很糟了，卻還一路惡化下去。最後，一月二十一日那天，羅伯特同意轉入布蘭福（Branford）的康州安寧病院。那時他的肝臟——正常狀況下不應擴展到低於肋骨邊緣——在肋骨下二十五公分就能被感覺到（即使透過依然很厚的腹壁），它腫脹得很大，且幾乎全為癌細胞所占據。儘管有相當程度的營養不良，但安寧病院的入院報告仍記載「他很肥胖」。

雖然不情願，羅伯特還是承認住院病患設施讓他輕鬆了不少。但他內心深處的憂慮及不安又再次成了問題，因而除了嗎啡外還需要重劑量的鎮靜劑才行。他只能經由口中攝取少量的液體；入院之後，他似乎每小時都在衰弱中。他堅持努力站起來排尿，並試著行走，但卻徒勞無功。他雖然坦然接受死亡，但似乎仍不能一走了之。

住進安寧病院的第二天下午，他突然變得比以往更激動。當他直嚷著要死而卡洛琳及莉莎卻愛莫能助時，她們開始哭泣起來了。在他以哀求的眼光看著她們時，他展開雙臂，將這兩個女人擁抱在她們熟悉的懷裡。羅伯特將家人緊緊抱在懷裡，並求著她們說：「妳們一定要告訴我，死並不是什麼大不了的，除非妳們告訴我死沒什麼，不然我不要死。」他只接受她們的允諾，只有如此才能靜下來。一陣子後，他告訴卡洛琳：「我要死。」然後又喃喃自語說：「但我又想活下去。」之後他沉默不語，安靜下來。

次日，羅伯特陷入恍惚昏迷的狀態。到下午，他不曾說話，但卡洛琳相信他仍能聽見她的聲音。她輕輕地告訴他，他的生命對她們來說有多重要；他突然展現笑容，似乎經由緊閉的雙眼看見了璀璨的事物。「不論他看見了什麼，」卡洛琳後來告訴我，「那一定非常美麗。」五分鐘後，他就過世了。

葬禮十分盛大，在這城鎮中是件大事，市長出席，警察儀隊也在教堂迎靈。入土時，他西裝口袋裡放著莉莎的一封送別信。隨著核桃木的棺木逐漸降下地底，卡洛琳的叔叔發現棺蓋上留下了莉莎的淚漬。

羅伯特被葬於離我家十六公里遠的一個天主教墓地。綿延山坡上維護良好的墓地並沒有高聳的紀念碑，像是要聲明每個死者一律平等，只有墓前基石才能知道其棲息之所。我在寫下最後幾頁時，曾到羅伯特的墓前，對一個已知即將去世、又能在生命中找到新意義的人表示敬意。他讓我知道，即使生命無法挽救，希望仍能存在。當我兄長得病時，我曾忘了羅伯特十年前的教誨，但無損於這個真理。

卡洛琳已經告訴過我，他仍在世時，就打算從最愛的狄更斯作品中，挑出最喜歡的句子，銘刻於墓石上。但我親眼看見時，仍大受震撼。羅伯特．狄馬蒂選擇刻於墓前基石的墓誌銘是：「他總是說，他知道如何好好過個聖誕節。」

Chapter 12

The Lessons Learned

教訓

「願他的一生成為祝福」通常是拉比在追思禮拜時的祝福結語。對那些參加禮拜儀式的非猶太人士而言，這句話並不熟悉，而我在教會裡卻聽而不聞。這句話雖然很明顯是個普世的祝福語，卻值得我們每一個人深思，不應限在崇拜會所內思索。

帶給羅伯特平靜的希望，就在他生前所創造的記憶，以及其生命留給身後人的意義。羅伯特一直知道人的生命不但是有限的，而且隨時有意外結束的可能。這樣的認知使他對醫學充滿害怕和憂慮，但在絕症來臨時，也是這樣的認知使他接受事實。

死亡最大的尊嚴，就是死亡之前的生命尊嚴。這是我們每個人都可以達成的希望，也是最恆常不變的事實。希望就蘊藏在我們生命的意義之中。

其他希望的來源比較直接，但是有些卻永遠無法達成。在我的臨床經驗中，我雖然經常對垂危的病人保證盡我所能給他們一個比較舒服的死法，但我卻多次在嘗試過所有努力後，希望仍然破滅。即使是在安寧病院裡，那裡唯一的目的就是使病人安靜舒適，但結果還是徒勞無功。就像許多醫師同事一樣，我不止一次沒法讓我的病人舒服一點兒離開世上，我無法信守諾言，不論是明說或暗示的承諾。

我們所能確切提供的一種保證和希望是：沒有一個人會孤獨地死去。許多孤寂而終的死法中，對死亡的確定性毫不知情的情況，最讓人不舒服和孤寂。又是「我不能帶走他的希望」這種心態作祟，明白顯示了一種雖特別給予多次保證，卻永無希望落實的希望。除非我們真正知道我們的生命即將結束，而且儘可能知道死亡的各種情況，否則是無法和愛我們的親友共享生命旅程中最後的「圓滿」。缺了這份圓滿，即使親友隨侍在側，心理上仍感乏人照顧，且幾乎是被孤立的。在生命結束關頭時，心靈陪伴的承諾不只能抵消形單影隻的恐懼，還能給予我們希望。

瀕臨死亡的人自己也要負一個責任，就是別怕傷害那些與自己生命擁有密切關係的人，而陷入泥淖中。我曾經看過這種孤寂的例子，甚至還不智地成為共謀者，這是在我學得教訓之前的事了。

善意的謊言

我的蘿絲姨在祖母日漸衰老後，就逐漸挑起了家中管家的擔子，扮演兩個男孩的母親，甚至還接棒起大家庭中女性大家長的角色。每天清晨蘿絲姨遠赴三十七街從事她的裁縫工作，十個鐘頭後又回到家中清掃房子、準備晚餐。傳統猶太人的飲食講究，我們一家人的晚餐可說是大工程一件！我離開故居很久了，但每個禮拜四晚上的記憶卻歷歷在目：蘿絲姨為了迎接安息日的到來，總是使勁清洗公寓的每個角落，半夜耗盡體力癱在床上。隔天清晨六點，又要起床上班。

蘿絲姨儘可能裝得很嚴厲，但她的態度總會洩露慈愛。她擁有一雙象徵我們家族記號的藍色眼睛，總是在發怒過後閃耀著光芒，猶如夏日短暫雷陣雨後又會露臉的陽光。蘿絲姨面惡心善，當我們長大後，她求好心切而偽裝出的苛刻，逐漸被我們看出隱藏其中的愛。她總是毫不遲疑地斥責我們難以恭維的行為，哈威和我雖然能逗她平息怒火，但我們仍然害怕她不同意我們的想法。因為當她反對時，就會使用豐富的意第緒語言抨擊我的觀點和人格。蘿絲姨就像我猶太人小鎮文化根源中的超我。哈威和我都敬愛她。

我擔任外科住院醫師的第二年，蘿絲姨正值七十出頭。她先是逐漸感到全身發癢，不久之後，腋下淋巴腺腫大，活體檢驗結果顯示這是頗具攻擊性的淋巴瘤。蘿絲姨由一位仁慈、善解人意的血液專科醫師治療，他使用早期化學療法藥劑苯丁酸氮芥（chlorambucil），讓蘿絲姨的病情得到緩解。但過了幾個月，蘿絲姨的病情復發，身體開始虛弱下去。我和哈威兩人徵求表姊亞琳的同意後，意圖說服醫師絕不告訴蘿絲姨實情。

但是，我們都不了解，我們已經犯下了罹患絕症過程中最糟糕的錯誤之一。包括蘿絲姨在內的每一個人，都做了錯誤的決定：違背生命應共同連結在一起的原則，把分享蘿絲姨人生最後一段生命的重要性擺在其次，而寧願互相保護對方不被痛苦的事實所傷害。此舉可能已經奪走這段最後旅程中的美好意義，以及經歷死亡痛苦經驗所隱藏的尊嚴。我們等於否定了許多原本應該屬於我們的東西。

蘿絲姨一定知道自己得了絕症，雖然我們從未告訴過她，她也從未提起。但是她替我們擔心，我們也替她擔心，每一邊都怕對方承受不起。我們和蘿絲姨都預料得到情況的發展；我們寧願告訴自己說她不知道實情，但我們都能感覺到她早已明白，而蘿絲姨也必須說服自己，我們對她的即將逝去一無所悉，但事實上她卻早已感受到我們其實知道。這種老掉牙的情節在癌症病人的最後生命裡埋下大片陰霾：我們知道，她知道，我們知道她知道，她知道我們知道，當大家聚在一起，都絕口不提。一直到蘿絲姨離開人世前，我們都遵守猜字謎遊戲的規則。蘿絲姨和我們都被彼此剝奪了原本應該相互連結的感情，尤其連感激她賦予我們生命意義的最後機會都失去了。以這層意義來說，蘿絲姨是孤獨離開人世的。

這種孤寂感正是俄國大文豪托爾斯泰的《伊凡之死》的主題。特別是對臨床醫師而言，這本書的主題不可思議地描繪出這份真實的感受，以及如何正視死亡課題的教訓。托爾斯泰的筆觸宛如他對死亡的認識是與生俱來，因為在生前幾乎不可能會有如此深刻的認識。除非如此，否則難以解釋他如何掌握那種事實被隱瞞而死去的孤寂感：「當伊凡的臉朝著椅背躺下來時，有種害怕的感覺竄流過身體，他快要死了。這個感覺穿越人口稠密的都市、無數的親友生活圈而來……世上沒有任何一種孤寂比它還深。深海中、地球上都沒有……」伊凡找不到任何人分擔他所了解的恐怖未來，「他必須如此孤單地活在滅亡的邊緣，沒有任何人了解他、同情他。」

伊凡並沒有愛他的親友圍繞在身邊，也許這可以解釋何以他希望成為別人憐憫的對象，但很少人希望生命即將結束時為人所憐憫。他太太之所以決定隱瞞他的病情，似乎是她自己的決定，為了不想處理說出真相會產生的情緒後果。但不論這類隱瞞是出於輕視或糊塗的善意，總是讓病者孤單地告別人世。以伊凡的太太為例，她的決定是一種以保護人自居的「輕視」，她認為只要他們夫婦兩人不公開討論病情，事情會比較容易處理。她只想到自己，而不是為伊凡設想；伊凡的絕症造成她的不便，甚至成為她家務上的負擔。在這種氣氛下，伊凡找不到對抗沉重生命旅程的力量。

伊凡主要的苦惱是個謊言：每一個人都接受這個謊言，都說他只是病了，但不會因此死去，他只需要安靜休養，信任醫師的治療，不久將會痊癒。但伊凡知道不論再做什麼，都不會有用，只會增加痛苦，而後死亡。這個謊言在折磨他；每個知道事實的親友，都不願知道伊凡所悉與他們相同，寧願說謊下去，讓他自己也變成了謊言的一部分。這個謊言捆綁著他，甚至到他生命的終點；這個謊言將他生命結束時的奇特、神聖性，降低到有如朋友間的送往迎來、劇情落幕、晚餐的一道鱘魚一般的層次。這對伊凡來說太可怕、太痛苦，也太奇怪了！好幾次正當親友們「為了他好」又在上演一齣齣鬧劇時，他差一點向他們衝口喊出：「停止你們的謊話吧！我快死了，你我都知道，至少不要再說謊了吧！」但是伊凡從來不敢說。

謎的誘惑

還有另外一個原因也常在這段時間孤立絕症者，我想沒有比「徒勞無功」更適切的字眼了。對一些人而言，明知困難重重還執意治療，似乎是一種英雄的舉動，但卻往往進一步傷害病人；這種行為模糊了誠懇的界限，顯露出病患、親友的最佳利益和醫師兩邊之間的對立。

希波克拉提斯早已宣稱，對醫生而言，最重要的莫過於患者的最佳利益。雖然在我們生存的年代裡，大社會的需求有時會與醫生判斷個別病人的利益相互衝突，但醫療目標在於戰勝病痛、減少痛苦卻是毋庸置疑。每位醫學系學生很早就學會一件事：為了克服病痛，有些時候增加病患痛苦的時間是必須的，一般人也很少不了解或不接受這類做法。其中特別以上百種的癌症最是如此。外科手術、放射線和化學治療的合併使用，即使沒有併發症，也往往造成衰弱和暫時性的肉體苦痛。如果有任何戰勝病痛的合理可能，很少有罹患可治療癌症的病患會放棄任何努力的機會。不做任何努力代表的不是泰然處之，而是愚昧。

但在語言的運用上，我們再度陷入兩難的局面。舉例而言，「合理」、「可能」是有效的含糊字眼，表面的意思明確，實際上卻是曖昧的用詞，暗示著存在於醫師和病患間的分歧意見已經暴露出來。在此，我又想說一段自己的故事，說明一個一心只想照顧病人的年輕醫學院學生，如何不自覺搖身變為專司解決生化醫學難題的專家。

在我十歲以前，已經目睹醫師的出現能為憂慮的一家人帶來「希望」（我刻意選擇了這個字眼）。我母親長年臥於病榻，有好幾次讓我們感到害怕的緊急狀況紀錄。當時，只要知道有人去藥房打電話通知醫師看診，而且傳回醫生已經上路的消息，家中可怕的無助氣氛馬上轉為安定的氣氛，好像這件突發的事故一定可以被妥當地處理。當這位醫師帶著微笑和專業形象走入我家中的門檻，叫著我們每一個人的名字，了解家人最需要的是安心——這就是我想成為的男人！

我計畫在布朗區當一名綜合醫師。第一年的醫學院課程，我學習身體組織如何運作，第二年學習身體在什麼情況下會生病，第三年和第四年我開始知道如何去解析病患的病史資料，同時解讀病例的生理和化學反應線索：即十八世紀病理學家莫甘尼所稱「受苦器官的哭泣」種種明顯與隱藏的原因。我傾聽、觀察病人的需求和反應，嘗試去找出器官「哭泣的原因」。我學會探測組織器官的各種開口、研讀X光片、尋找血液和排泄物中代表的意義。久而久之，我清楚明白該執行哪一樣測試，才能從這些明顯反應出來的線索裡找出病情中可能隱藏的變化。這個探索過程就是病理生理學。精通其中複雜的過程，可得知一般身體組織的結構，進一步窺探出生病的由來。了解病理生理學，猶如掌握診斷之鑰，沒了它，就可能無法進行治療。每位醫師尋求接手各種嚴重病症的機會，主要就是為了做出正確的診斷，設計並施行特別的醫療程序。我將這種尋求過程稱之為「解謎」。「解謎」的成就感本身就是最好的獎勵，也是驅策臨床醫學發展的動力，造就出一批高度的醫學專家。這是每位醫師用來評估自己能力的指標，也是他們個人專業自我形象中最重要的成分。

當我完成醫學院課程時，我已經發現追求診斷機會和成功的治療是更大的挑戰。現在的目標變成了解疾病的發展過程，正確選擇使用割除、修補、生化修復或任何創新增加的方法，來擊敗各類疾病。我六年的住院訓練是為了處理每一個「謎」，而每一個「謎」也成為我醫學生後期生涯的魅力所在。在我身上，我的醫學教授們已經複製了他們自己。

我已經放棄返回布朗區或其他類似地方擔任地區醫師的想法。我從未忘記要對病人提供幫助的必要性，一如多年前那位幫助我家人解決問題的綜合醫師；但我了解，現在他不再是我最欣賞的形象了。我已完全被「謎」的魅力吸引住，誰能解開「謎」，誰就是最能激勵我的醫師。

在我的專業生涯中，曾和大部分醫師做了同樣一件事，就是想成為影響我的那類型醫生，因為這個醫生使我將醫治作為一生的目標。但後來這個目標轉向一個更具震撼力的形象——更具說服力的驅動力，讓每位醫師持續嘗試改善醫技的挑戰，導引我堅守診治崗位的挑戰，引導二十世紀後期臨床醫學驚人發展的挑戰。這個首要的挑戰已不再是每個病人的利益，而是解決他們的病因之謎。

我們用同情心來對待病患，也嘗試導引病患依照我們認為能減輕痛苦的方向去做治療的決定。但同情心不足以幫助我們改善醫療能力，甚至保持一腔熱忱。唯有「謎」能驅使我們往高度專業和全心奉獻的方向邁進。

希波克拉提斯的座右銘中有一條是這樣寫的：「哪裡有對人類的愛，就有對醫學的愛。」一直都是如此。如果不是如此，照顧別人的重擔很快就會叫人無法承擔。也就是說，從事醫療工作的最大回報並非來自心靈，而是智慧上的滿足，我們對於醫學的愛是最強烈的。我逐漸了解這個事實，也知道其必然性。身為醫師，每次接手新病人時都必須面對這個問題；病人則必須了解，醫師在解謎上的努力，在生命即將結束時，未必合乎病人的最佳利益。

每位醫學專家都必須承認自己有些時候會說服病人在某一點上接受不合理的治療法，對解決病情卻無多大幫助。如果醫師真正審視自己，可能就會承認他所做的決定和建議，肇因於不願放棄「解謎」，以及不願認輸。雖然他照顧病人體貼而仁慈，但也會因著「解謎」的強烈誘惑與挫敗引發的軟弱而准許自己拋開仁心。

在心理上，病人會敬畏醫師，移情到醫師身上，希望去取悅他們，至少不違逆醫師。有些病人相信醫師總是知道自己在做什麼，認為醫院中治療重症病患的超級醫師不會做不確定的決定。越是高科技的醫師，他們治療的對象越是認定醫治他們的那位男醫師或女醫師總能提出極優異的科學理由，佐證他們建議病人所接受的療法。

病人如果生機渺茫，通常很有理由不願嘗試進一步的治療機會。其中的原因，有的是哲學的或心靈的，有的則相當實際，更有些人就是相信結果不值得忍受這麼大的折磨。一位相當有智慧的癌症護士說：「對某些人來說，多過幾週沮喪的生命並不值得付出身體與情緒上的代價。」

夠長了

在我寫這段手稿的同時，身旁正擺著韋爾奇小姐的病歷。她是一位高齡九十二歲的老女士，住在離我工作的耶魯新海文醫院八公里的老人療養中心。雖然心智很清楚，但腳部患有嚴重的關節炎和動脈阻塞而無法自由行動，因此需要照護。在成為我的病人那段時期，她因左腳趾部腐爛考慮施行截趾手術。她正服用嚴重關節炎的消炎藥，同時也因慢性白血病而逐漸衰弱。「這裡脫落一個輪軸，那裡脫落一個輪子，現在是齒輪故障，下次輪到彈簧」，正是韋爾奇小姐的寫照。如果傑佛遜在我身邊，他一定會說，阻止一部老舊的機器停止運轉是件愚蠢的事。

在一九七八年二月二十三日午後，韋爾奇小姐在醫護人員的看護下，仍摔下樓而喪失意識。救護車將她送進耶魯新海文醫院的急診室時，幾乎量不到血壓，也發現了嚴重的腹膜炎現象。緊急在動脈管內注入流體後才恢復意識，旋即又接受X光檢查，發現她的下腹腔內逸入一大片空氣。截至目前為止，病情已經確定是消化系統的穿孔，最可能的是十二指腸潰瘍，緊接在胃旁邊。

但已經完全清醒的韋爾奇小姐拒絕接受手術。「夠長了，年輕人！」她用美國佬慣有的寬厚語調告訴我，她不想再多活幾年。她已不需要為任何人而活，她病歷上的聯絡人是康州國家銀行信託部經理。我身體健康，又有家人朋友環繞，就我的觀點來看，她的決定並不明智。我用盡方法勸她，她的意識相當清楚，而且白血球反應也顯示未來還有好幾年可活。我坦白告訴她，由於動脈硬化和腹膜炎，手術後的治癒率大約只有三分之一機會。「但是，」我告訴她，「韋爾奇小姐，三分之一的生機遠比不動手術好，如果不讓我們開刀，就等於宣告死亡。」意思相當明顯，我不知道像她這麼清楚的人怎麼可能不同意。但韋爾奇小姐仍然堅持，我只得離開一會兒，讓她獨自思考。她的生存機會隨著一分一秒的逝去而逐漸減少。

十五分鐘後，我再度進入診療室。我的病人半坐起身子，皺著眉頭看著我，好像我是個中年頑童。然後她握起我的手，眼光緊緊抓住我，交代一個攸關她生死存亡的重大任務。「我決定開刀，」她說，「但唯一的理由是：我信任你。」這一刻，我忽然有點不敢確定自己是不是做對了。

手術期間，我發現韋爾奇小姐的十二指腸呈現大片穿孔，這比我預期的修補手術還要大費周章；胃部幾乎和十二指腸分離，就像被炸開了一樣，她的下腹腔到處流溢著腐蝕性的消化液，以及昏迷前幾分鐘才吃進去的午餐。我做了該做的事，把下腹部縫合，將毫無知覺的病人送到外科加護中心。韋爾奇的呼吸有點不正常，所以氣管插管仍然沒有拔去。

一個禮拜後，韋爾奇女士的病況稍有起色，雖然她還不完全知悉自己的狀況。後來，當她完全清醒後，開始在我每天兩次的探訪時，用盡每一分鐘責備地瞪視著我。當她兩天後拔管能說話後，開始不浪費任何時間來讓我知道，我不如她所願讓她死去，卻動了手術，是對她開了一個多麼汙穢的玩笑。我認為我以具體行動證明我做對了決定，畢竟她存活了下來。但她對此事有異議，且不厭其煩地讓我知道，我沒告訴她手術後的困難現象等於出賣了她。一旦知道動脈硬化高齡患者在手術後必須待在加護病房，韋爾奇女士必定會拒絕這個救命的手術，所以在我說服她動手術的過程中，的確對手術後治癒過程輕描淡寫。她認為已經受了太多罪，再也不願相信我任何話。她正是那類認為生存不值所付代價的典型人物，而我並沒有完全告知代價為何。即使我關心的只是她個人的好處，但我還是犯了保護主義的錯。正因為我擔心病人會做出我認為是錯誤的決定，而沒有把一切告訴她。

韋爾奇小姐回療養院之後兩個星期，嚴重中風，一天之內就離開了人世。她離開醫院後，當著那位信託部經理的面立下書面指示：除了接受看護，她不願做任何其他嘗試。她再三強調不願再經歷同樣的手術。雖然腹膜炎和手術的外傷加強了她中風的可能；但我懷疑，她為了我善意的欺瞞而累積的怒氣，也是一個重要的原因。但也許致死的重要因素只是她不想再活下去，因為我錯誤的開刀建議使她更覺挫敗。我已經解了謎題，卻敗在更大的戰役——對病人的關懷。

如果我當時能深思本書中關於老化章節的陳述，我不會那麼快說服病人接受手術。對韋爾奇小姐而言，不論手術成敗，她所付出的代價都不值得，而我當時還不夠有智慧承認這個事實。現在我看事情的角度不同了，如果能夠時光倒轉回過去類似的病例，我願意多傾聽病人的意見，不要求他們聽我的建議；因為我的目的是解開謎題，她卻是意圖藉此意外病情而莊嚴離世，答應接受我的手術似乎只是為了「取悅」我罷了。

其實你剛才讀的那一段中有一句謊言：我說我可能會做出不一樣的決定，我知道我可能還是會重複做完全一樣的事，否則就有被同儕斥責的風險。衛道人士往往會對臨床醫師的決定大加批判。專業外科的要求原則是，像韋爾奇女士這種還有救的病例，只要開刀對其有利，就絕不讓她死去。無論我們的動機多合乎人性，如果我們打破成規，危險的就是我們自己了。以一名外科醫師的觀點而言，我所做的應該是嚴謹的臨床決定，「道德」不應該成為決斷的考量因素。如果照韋爾奇小姐的意思做，我勢必得在每週的外科會議上替她的決定辯護（他們會認為那是我的決定，而不是她的），而其他醫師會認為我的判斷錯誤，指責我漠視醫師救人性命的天職。我極可能因為沒有推翻韋爾奇「無意義」的想法而接受處分，也可以想像其他醫師的指責：「你怎麼可以讓她說服你？」、「難道一個女人想死，就表示你也要參一腳？」一個醫師該做的就是臨床決定，而正確的決定就是開刀——讓官員去處理道德問題！這就是我無法免疫的同儕壓力，高科技醫學的救人信條又一次得到勝利，一如往常。

我治療韋爾奇女士的理念不是基於她的目標，而是基於我自己的目標以及我的專業行規。我追求了一個枉然的方法，不讓她實現長久以來的一個特別心願：機緣巧合下，毫無牽絆地離世而去。即使她沒有家人，護士和我確保她並不會孤單離去，就如同有感情的陌生人也願意為孤獨老人送終。結果，她和其他住院病患同樣受苦死去，被生物技術和專業標準隔開真實，雖然醫療技術的原始目的是要幫助人們回歸有意義的生活。

顯示器發出的嗶嗶聲和尖銳聲，呼吸器和活塞墊發出的嘶嘶聲，電子訊號的彩色閃光⋯⋯這整套科技行頭剝奪了我們寧靜離世的權利，並將我們和那些少數不希望我們單獨死去的人隔開。在這種情況下，目的在於提供希望的生化技術卻帶走了希望，剝奪了其餘活在世上的親人應享有的完整回憶。

把死亡藏起來

每個科技或臨床技術的提升都有其文化意義，也常是個象徵。以一八一六年發明的聽診器為例，就可視為醫師與病人逐漸拉開距離的第一步。而當時許多醫學評論家認為這是一大進步，其中的原因在於：沒有多少醫師喜歡把耳朵貼在病人生了病的胸膛上聽診，即使在現代也是一樣。這個原因，以及聽診器所代表的身分象徵，使它歷久不衰。只要花幾個小時和年輕的住院醫師一起巡房，就可以充分了解這個工具所代表的權威和公正。

從臨床觀點看來，聽診器不過是傳送聲音的設備。同樣地，加護中心正是一個挾著高科技希望的遁世寶庫。在這個要塞裡，我們把病人隔離出來，以為這樣可以讓他們接受更好的照顧；這個「包裝」起來的密室，象徵著我們社會對死亡的自然性及必要性的否認。對許多臨終病患而言，加護醫療意味著在一群陌生人當中離開，不被遺棄的臨終希望也因之熄滅。事實上，他們的確是被遺棄了，被丟給一群擁有高度醫療專業技術、卻不認識他們的醫護人員。

「隱藏死亡」是目前的趨勢。法國社會歷史學家菲力普．阿里葉（Philippe Aris）在闡述死亡的習俗時，將這股現代潮流稱為「看不見的死亡」。他指出，死亡是一件醜陋而不潔淨的事情，而且我們也不再容忍醜陋與不潔，因此死亡必須被隔離出來，在隱蔽的地方發生：

隱藏在醫院裡的死亡，開始於二十世紀三〇及四〇年代，五〇年代開始普遍化……我們不再忍受疾病的景象和氣味，雖然在十九世紀初，這種景象和氣味還是日常生活的一部分。這種生理學結果已經從日常作息轉移到無菌的、醫學和道德學世界中。世界上最能證明這個現象的，就是劃分嚴明的醫院。雖然沒有人承認，但醫院的確提供病患親屬一個可以隱藏病人的地方。在這兒，世界和親人們都可以不必再忍受……醫院已經變成孤單死亡的處所。

今天在美國，大約有八〇%的人死於醫院內。這個比率從一九四九年以後就逐步升高，從五〇%到一九五八年的六一%，再到一九七七年的七〇%。數字迭升的原因，絕不只是因為垂危病人需要醫院圍牆內所能提供的高水準醫療技術。這些經由特殊設備和專業人員組成的嚴謹臨床協助，和文化上隔離死者的象徵意義同樣重要，甚至後者還更重要。

現在，社會人士已深知醫院死亡的孤單而準備群起抵制，我們本來就該如此。從稱為「預立醫囑」的法律文件到自殺社團的哲學，我們有不少選擇，而每個最終目標都相同：當死亡確定來臨時，至少還給我們一個希望——生命的最後一刻並非由生化學家來引導，而是由知道我們是誰的人相伴。

這種不做徒勞之舉的希望，也再次說明了死亡的尊嚴在於生者對死者過往生命的肯定。這種尊嚴，源於好好活過的一生，以及接受自己的死亡乃是種族延續的必要步驟。這也承認了生命的終點就是死亡，任何阻止死亡的企圖都是虛幻的。但事實卻是：我們的社會經常被現代科技強烈誤導。死亡才是最重要的：一齣戲劇的主角常是垂死的人，而那位領隊來救他的人只不過是旁觀者或配角而已。

臨終之美

在過去的時代，臨終被人們視為一段聖潔的歷程，也是與親友最後的相聚時刻。人們希望如此死去，也不容拒絕。對垂危的人與摯愛的親友而言，這種死亡方式都是一種慰藉，既是死別的安慰，也是對死前種種磨難的安慰。對許多人來說，最後的團聚不僅是「善終」的證明，也代表對上帝及死後生命的希望。

此處必須提到，以往大多數人都會往宗教領域尋求希望。千年以來，從來沒有一個時期像現在，垂死者轉向上帝或永生會被視為不尋常。這並不意味醫護人員或懷疑論者質疑他人的信仰，特別是對方面臨死亡之時。不可知論者和無神論者有時會在此階段尋找信仰的慰藉，而這種激烈的轉變也該被尊重。當我還是一名年輕的外科醫師時，有好幾次聽見其他醫師或護士嘲笑聖膏禮：「這不等於告訴他快要死了？」而遲遲不去召喚神職人員；但如果病人知道真實狀況，常常寧願身邊站的是神職人員，而不是醫生。多年以前，我的醫院裡有一份病危名單。如果名單中出現一位天主教徒的名字，他的牧師就會被自動召喚前來。後來這份名單不允許再被建檔的幾個原因之一，就是院方不願這類病人受到身穿神職制服的人前來「驚嚇」，因為這常是他的生命即將結束的斷言。院方以這種方式否認了「希望」的存在，甚至連宗教信仰也得屈從。

有時，一個垂死病人的希望，可以簡單到像活到參加女兒的畢業典禮或一個具有特別意義的假日。醫學文獻常記載這類希望的力量，不只可以讓病人活下去，還能讓垂死的人在這段「不能死」的期間維持最佳狀況。那些為了度過生平最後一個聖誕節或等待從遠方歸來的一張親愛面孔而比預估期限多活幾個星期的感人故事，每一位醫師、甚至外行人都能如數家珍。

教訓已經非常清楚了。「希望」不只是建立在被治癒的預期上，甚至是現有壓力的紓解上。對垂死的病人而言，治癒的機會最後都是假的，甚至連解脫的希望都是烏有的。在我自己的生命即將結束時，我將會尋找儘可能不受痛苦的方法，更不會讓自己嘗試不必要的方法來維持生命，並且確定自己不會孤寂而去。我已經開始尋找這個希望，好好過自己的生活，讓那些尊重我的人，可以在我生時受惠，並在我死後能因回憶而得到安慰。

有的人是在宗教信仰的永生觀念中找到希望，有的人則期待到達預設的里程碑，完成某個行動，甚至有人將希望的焦點擺在控制自己死亡的時間上。或者確切一點說：讓他們自己選擇何時結束人生。不論人們用哪種方式，每一個人都必須擁有他自己的希望。

遺棄

在垂死的癌症病患間，有一種特別的遺棄行為，需要特別提出來說明——我在此指的是醫師的遺棄。醫師很少想要放棄，只要有任何解謎的可能，他們會堅持下去，但有時病人家屬插手，或甚至病人自己決定結束醫療過程。事情演變至此，將不再有任何謎可解，不少醫師就此失去維繫他們熱忱的動力。癌細胞仍在肆虐，所有的治療方法一一敗退，所有的熱忱也逐漸被擱在一旁。情感上，醫師們希望能消失，有時他們也真的消失了。

有許多原因被用來解釋醫師何以遺棄絕症患者。研究結果也指出，所有的專業範圍中，醫學最能吸引對死亡懷有高度憂患意識的人。我們擔任醫師的工作，正因為醫治的能力給予我們力量，凌駕於所懼怕的死亡之上；如果失去這份力量，將意味一個我們希望逃離的威脅——這些病人突顯出我們的軟弱。醫師是一群成功者，他們經歷嚴厲的競爭才爭取到醫學文憑、訓練及地位，就像其他有才華的人一樣，需要別人不斷肯定他們的能力。對醫師而言，不成功對自我形象是嚴重的打擊，在這個最自我中心的專業中，很少人能夠忍受。

我還深刻體驗到許多醫師擁有的另一類個性，就是恐懼失敗：他們對控制力的需求遠遠超過一般人。一旦控制能力喪失，個人也會感到失落，對無能為力的事件處理得極糟。為了想要維持控制能力，一個醫生往往不自覺地說服自己，自己比病人更清楚該怎麼做才對。他只告訴病人他覺得可以讓對方知道的訊息，因此影響了病人的決定。這類家長式保護主義正是我在面對韋爾奇小姐時所犯的錯。

因為無法面對控制能力喪失後的局面，醫師就可能從業已無力施展的戰場退卻，這也是他們在病人臨終時拋棄責任的因素之一。他們用系統化的過程尋找謎的解答，在渾沌中建立秩序，同時找到控制疾病、自然以及他個人宇宙的力量。只要猜謎一結束，這樣的醫師不是減低興趣，就是會興致全消。佇足觀望大自然的勝利，即是承認自己的無能。

主要戰役敗陣之後，醫師也許還能維持一小部分的權威，即控制病人的死亡程序，包括存活期間與死亡的時刻。這麼一來，他又剝奪了病人和家屬所應享有的操控權。最近，不少住院病人只能在他們的主治醫師宣布時候到了才能死去。除了做研究基本的的好奇心和解決問題的挑戰，我相信控制自然界的幻想正是現代科技的基礎。即使醫學有其藝術性和哲學，現代醫學專業也已經以心靈中的征服欲作為目標，相當程度上成為應用科學的一種。科學家的終極目的不是為知識而知識，而是以知識作為征服環境的利器，因為在他眼中，環境是充滿敵意的。而最具敵意的自然界活動，非死亡莫屬。每次有一名病人死去，他的主治醫師就會想到自己或人類戰勝死亡的力量極為有限，而且也將一直如此。自然界的力量最終總是獲勝，我們種族若要存活，自然就必須勝利。

自然界最終贏得勝利的必然性，已經被我們之前的人類世代所預期和接受。過去的醫師們相當情願去承認挫敗，也不會自大地去否認它們的存在。但在自然面前謙遜的醫治態度已不復見，過去的道德權威也隨之喪失。隨著大量科技知識的增加，我們也越來越不承認，我們所能控制的自然仍遠低於我們的預期。醫師接受科技是全能的「妄想」，因此認定唯一能合理判定科技優劣的標準就是去應用它們。伴隨豐富知識應有的謙虛態度已被醫學的傲慢所取代：既然我們已經能做這麼多，就應該嘗試更多——就是今天，就是這個病人！

越是受過專業訓練的醫師，越是將解謎當作主要的動機。因著解謎所得，我們擁有更多使病人受惠的臨床進步；也因著它們，當醫師無法達成我們的希望時（或許我們本就不該要求），我們卻滿懷失望。就醫生身為應用科學家而言，這個謎的吸引力有如天然磁石，就醫生身為人道的照護者來說，謎也就是醫師的信天翁（無法擺脫的心靈負擔）。

腫瘤學者是醫學族群中最堅決的人，經常不放棄頹勢裡的任何一絲努力——可能在其他防禦者鳴金收兵時，還可以看到他們站在防衛線上。就像他們許多受過專業訓練的同僚一樣，腫瘤專家可能擁有感性、善良的胸懷；當他們處理病例時，可能會診視複雜的診斷書，展開醫療行動，同時與病人和家屬建立溫暖的情誼。但他們卻因為太過熟悉這些動作，以致無法洞察病人精神上或主觀上對死亡迫近的反應。不幸地，這正是大多數專業醫師對付複雜病例的做法。當我回顧過去三十年臨床歷程，我逐漸明白自己比較屬於一個解決問題的人，而不是紐約布朗區那個只希望照顧病人的醫師。

如果我們病人不應期待醫師提供他們無法提供的東西，那麼，我們該如何做出理智的決定呢？首先，這些醫師仍然能指導我們。事實上，只要我們調整心態，把醫師給我們的資訊視為理解病理的工具，這些資訊就會更加有價值。如果醫師知道他們沒有權力左右我們的判斷，那麼他們就比較不會片面地告訴我們一些資訊，企圖導引我們所做的決定。每個病人都應該熟悉相關知識，好知道從哪一個時間點開始，是否繼續治療是有爭辯餘地的。這種教育從身體的正常運作開始學習，可以更容易了解疾病如何影響身體功能。癌症特別適合這個模式，而且絕大多數人都有能力了解癌症的機制。

說到謎這件事，我還未論及那種比較不受蠱惑的醫師。病人和其初診醫師之間的關係是治療的核心，從希波克拉提斯的時代就是如此。在已經沒有其他治療能夠進行後，這種關係更形重要。

政府應該支持家庭醫師制度和初級醫療網絡作為任何醫療計畫的重心。在醫學院和教學醫院資助家庭醫師的教學訓練，值得成為主要的優先工作，同時應鼓勵具有才華和潛力的年輕醫師加入這個行列。家庭醫師體系可能的優點中，我認為最有價值的就是我們死亡過程中的人道效果。死亡已經如此沉重，因此我們不應只向陌生的專業醫師求助，而應在長期熟悉我們的大夫指引之下離世。

天意

當我們離開生命之際，擔負的不只是痛苦和惋惜，最沉重的多半還是悔意。就像死亡必然會發生一樣，死前也一定會有一段煎熬期，特別是對一些癌症患者而言，有許多罣礙也必然要帶進墳塋中，但我們如果能預先得知死期，可能還有機會稍稍減輕心中的障礙。這些罣礙包括沒有解決的衝突、沒有彌補的破裂關係、無法發揮的潛力，或是無法兌現的承諾、無法再繼續的歲月等等。每一個人都有無法了結的事，只有最年長者有可能逃過此劫，但也未必。

也許那些尚未完成的事，只是圓滿的一種形式，雖然這個看法有點弔詭。只有心已死的人才沒有「待履行的承諾／在我安睡以前，還有好幾里路要走」的想法，而且我們也不想成為這樣的行屍走肉。最明智的建議是把每天當成我們的最後一天過，同時又要竭力生存，就像永遠會活在世上一樣。

我們的積極生活，藉著邦斯（Robert Burns）對於死亡計畫的謹慎提醒，也可避免產生另一種不必要的負擔。死亡很少按照我們的計畫表出現，或符合我們的預期。每個人都想以適當的方式去完成死亡這件事，找到「死亡藝術」的現代版本和臨終之美。自從人類開始著書以來，已記錄一些人們稱為「善終」的理想死亡模式，儼然每個人都相當確定它的真實性，或者有理由期待它的來臨。做決定時，有些陷阱要避開，也有各種希望；但超過此限，如果我們無法在死亡來臨時達成心願，我們也必須原諒自己。

自然界有它的工作要做。它的方法對每個人都是最適切的。它造成某人容易發生心臟病、某人容易中風，還有人容易患上癌症；有些人長壽，有些人早夭。動物界的法則就是代代興替，一旦違反了自然生態無情的力量與循環，也無法有長存的勝利。

當死亡的剎那來臨，當我們意識到終點這一站已經逃不掉，透過白朗寧（Browning）的哈卡多（Jochanan Hakkadosh）所說的——我們的「腳踏上所有血肉之軀的路上」——這句話，提醒我們：這不只是一條所有肉身的路，也是一條所有生命之途；其中自有天意。雖然我們能找到巧妙的辦法延遲生命的結束，但終究無法改變天意，連自殺都無法逃脫這個循環。因為我們知道自殺者的刺激行動，只是自然界和動物界法則中的另一項例證。莎士比亞筆下的凱撒反映了這個事實：

我聽過許多奇妙的事，
而人類感到害怕是其中最奇特的一事，
明知死，一個必然的結束，
它該來時，就會來。

結語　死亡的嚮導

我關心微觀世界甚於巨觀世界，我對於一個男人如何活著的問題比一顆星球的毀滅要有興趣得多，一個女人如何在世上生存也比一顆彗星如何劃過天空更能引起我的關注。如果有神，祂顯現在我們每一個人身上，如同祂顯現在地球的創造上。我所沉迷的奧祕是人類的處境，而非宇宙的狀態。

了解人類處境成為我終生的志業。在我已邁入第七個十年的生命中，我有我的一份遺憾，也有我的一份勝利。有時我覺得我應有的不只是遺憾和勝利，但這樣的觀念可能源於我們共同的傾向，也就是覺得我們自己的存在乃是普遍經驗裡的特殊例子——一種比一般生命更廣闊、感觸更深刻的生命。

沒有任何方法可預知這是否是我生命的最後一個十年，或者還有更長的餘生——健康良好並不保證任何事。我唯一確定的，是我對於死亡的想法，也分享人類所共有的信念之一：希望無痛苦的過世。有許多人希望迅速地死亡，甚至是猝死；也有人希望死於為時短而沒有痛苦的疾病，周遭圍繞著他所愛的人與事。我屬於後者，而且我推測大多數人都是如此。

很不幸地，我並不期待我所希望的會發生。我看過太多死亡，所以無法忽略那壓倒性的可能性，就是天不從人願。像大部分的人一樣，我可能會罹患各種致命的疾病而遭受身體折磨與情緒低落，我也會像大部分的人那樣在最後幾個月由於優柔寡斷而更增添不確定的痛苦——繼續治療或是放棄，積極處理或是逆來順受，爭取更多時間或是過一天算一天——當罹患致命的疾病時，這是我們必須慎思明辨的雙面鏡。我們選擇在生命末期時照見自己的那一面，應當是心有定見的平靜祥和，但也未必能做到。

我寫這本書是為了我自己，同樣也為了這本書的讀者。藉由集合一些穿越過我們眼前的死亡騎士，我希望憶起我所見過的病例，使每個人都熟悉這些疾病。我們並不需要去檢閱那一長串還在增加的殺手行列，也沒有胃口看遍每一名死亡騎士。但他們所使用的武器，與你在這裡讀到的並沒有多大的不同。

如果我們比較熟悉死亡的方式，或許死亡騎士就不會那樣令人害怕，也或許那些必須做的決定就比較不會在一知半解、焦慮及不正確的期盼下進行。對我們每個人而言，可能都有一種正確的死亡方法，而我們必須努力去發掘它，並同時接受我們可能無法掌握它這個事實。大自然給予我們的最後疾病，將決定我們離世的情境，但只要可能的話，我們應擁有自己選擇如何離世的方法。里爾克寫道：

噢，主啊，賜給我們每個人屬於他自己的死亡，
死亡，引他離開人世，
在其間，他有愛、意義與絕望。

這位詩人像是祈禱者般述說，但像所有的祈禱者一樣，即使上帝也不一定應允。對大多數人而言，我們無法控制死亡的方式，也沒有智慧或知識能改變它。在我們所愛的人或是自己即將死亡時，即使擁有現代生物醫學立意良善的科技力量，環境仍不允許我們自己做選擇。那些死亡前遭受痛苦的人並非得到天譴，只是疾病的本質如此。

大部分的人並非以他們選擇的方式離世。在前幾個世紀，人們相信「死亡的藝術」這樣的概念。在那個時代，對付死亡的唯一態度就是任由死亡發生——一旦有死亡的徵兆出現，沒有別的選擇，死亡是最好的途徑，在上帝手中平靜地安息。但即使在那個年代，大部分的人在死前仍經歷一段痛苦的時間；只有抱持聽天由命的態度，依賴祈禱與家屬的安慰，使最後的時光好過一些。

我們的時代沒有死亡的藝術，只有拯救性命的藝術，以及這門藝術的諸多兩難困境。在半個世紀之前，另一個偉大的藝術——醫學的藝術，仍因其有能力處理死亡的過程而倍感驕傲，發揮專業醫師的仁慈，使死亡的過程儘可能平靜。但現在除了像安寧病院這種極少數的設施，醫學藝術的這個部分幾乎已完全喪失，取而代之的是拯救成功的顯赫光榮，以及極常見的不幸景象——生命不能拯救時的遺棄。

死亡屬於瀕死者和那些愛他的人們，雖然死可能被疾病入侵的蹂躪所玷辱，但不應允許被一些無益的善意作為進一步擾亂。治療是否繼續進行，會受到熱忱主張治療的醫師所影響。通常，訓練最精良的專科醫師也就是最堅信生物醫學有能力克服疾病挑戰的忠實信徒。病患家屬會把統計資料當成最後一線生機，但這看似客觀的臨床事實，常常反映出一種哲學，即把死亡視為無情的敵人。對這樣的哲學戰士而言，即使只為了取得暫時性的勝利，也不惜荒廢垂死者曾經耕耘的生活土地。

我說這些並非責難那些高科技的醫師。我也曾是其中一員，而且我也分享過為搶救生命背水一戰的激情，以及勝利時的高度滿足。但我的勝利中，有許多是犧牲慘重才換回的。有時勝利的代價太慘痛，我也相信如果將我置於病患與家屬的地位，我未必認為值得進行絕望的奮戰。

當我罹患需要高度專業治療的重症時，我會尋找該科的名醫來診治。但我不會期待這位醫師能了解我的價值觀、我對我自己及所愛的人的期盼、我的精神層面及生命哲學。這不是他受訓練的項目，也不是他專業的部分。這也不是促成他追求卓越的動力。

由於上述原因，我不會讓一個專科醫師決定我該何時撒手歸天。我要選擇自己的方式，或至少把我的原則說清楚，萬一我無能為力時，可由最了解我的人來決定。疾病的狀況可能無法允許我「好好地死亡」，或樂觀尋求死亡的尊嚴；但在我控制範圍之內，我不會為了毫無意義的理由而拖延死期，而一切只為了一個受過嚴格訓練的高科技醫師所做的決定，這個醫師甚至完全不了解我。

死亡的嚮導

在這本書的字裡行間，隱藏著對家庭醫師制度復興的請求。我們每個人都需要一個嚮導，他了解我們的程度，就像他了解我們通往死亡的路徑一樣。同樣的疾病，有許多不同的路通往死亡，有許多抉擇要做，有許多據點我們可選擇休息、繼續或是完全停止這趟旅程——直到這旅程的最後一段，我們需要有所愛的人相伴，也需要有智慧來選擇自己的路。影響我們決定的臨床事實，必須來自一個熟悉我們的價值觀及我們以往生活的醫師，而非來自一個擁有高度專業生物醫學技術的陌生人。在這個時刻，我們需要的是一個長期了解我們的醫師朋友。討論如何改革我們的醫療體系時，只有將上述事實納入考量，方能做出良好的決策。

而且，即使有最敏感、體恤的人道主義醫師，真正的控制死亡，仍需要個人對疾病及死亡進行方式的了解。正如我看過太多人掙扎太久，我也看過不少人太早放棄，而那時還有許多可做的治療，不只是保存生命，還可保存生活的樂趣。我們越了解致命疾病的相關知識，就越知道如何選擇停止或繼續奮鬥的時間點，也越不會期待沒有痛苦的死亡。對那些死者與愛他們的人而言，最實際的期盼乃是安靜離世的確定途徑。當一切結束時，我們哀痛的應是喪失了所愛之人，而不是做了錯誤決定的罪惡感。

實際的期盼，也需要我們接受以下觀念：一個人在地球上的時間必須有所限制，才能讓我們的種族持續生存下去。人類即使享有上蒼許多獨特的厚愛，也只是像其他動植物一樣，屬於生態系的一部分，大自然一視同仁。我們死亡，世界才能繼續生存下去。我輩能享受生命的奧祕，乃因數以兆計的生物為我們鋪好生存之路，並且死去——某種意義上來說，也是為我們死去。我們死了，別人才能活下去。就大自然事物的平衡來看，單一個體的悲劇成為生命綿延的勝利。

上述這些，使得大自然賜與我們的每個小時都益顯珍貴；生命必須是有用處且懂得回饋。如果藉由我們的工作與娛樂、勝利與失敗，我們每個人不只對人類，也對整個大自然的生存進化過程都有貢獻；那麼我們在大自然所分配的時間內建立的尊嚴，就會藉由接受死亡的利他主義而繼續長存。

那麼，平靜的死亡景象又有多重要呢？對我們大部分的人而言，這是洋溢希望的形象，是必須奮鬥的理想；但是我們或許可能接近卻無法達到，除了極少數的幸運兒，其致命疾病的條件允許平靜的死亡。

其餘的人則必須滿足於將被賜予的死亡。經由對於常見疾病致命機轉的了解，藉由符合實際期盼的智慧，透過重新認識醫師的限制，而不要求他們無法給予的希望；死亡應該能在致命疾病的允許之下，得到最大程度的控制。

雖然死前的幾小時通常是很平靜的，而且多半有一段失去意識的時光，但這種平靜通常需要付出可怕的代價——就是我們抵達死亡前的痛苦過程。有人設法在過程中找到值得珍惜的崇高時刻，在此時他們能勝過那加諸其身的侮辱。但這樣的間歇，並未減少他們短暫勝利之間的痛苦。生命本來就夾雜著痛苦時刻，有些人的生命還是痛苦居多；但在人生過程中，痛苦的階段會被平安的時刻與喜樂的時光所撫平。然而，在死亡的過程中卻只有痛苦。短暫的喘息與衰退總會過去，立刻隨之而來的是復發的折磨。平靜與喜樂在解脫時才會來臨。以這樣的觀點來看，死亡之際常有平靜，偶爾也有尊嚴，但在死亡的過程中卻十分罕見。

因此，如果我們必須要修正，甚至拋棄傳統「有尊嚴的死亡」的概念，那麼我們冀求留下什麼希望給所愛的人作為最後回憶？我們在死亡中企求的尊嚴，必須在過往的生活中求得。死亡的藝術，就是生命的藝術。活著時的誠實與仁慈，乃是我們如何死亡的真正方法。過去我們幾十年的生活將傳達給後人作為回憶，不僅是生命的最後幾週或幾天而已。活得有尊嚴的人，死得也有尊嚴。十九世紀美國詩人威廉·布蘭特（William Cullen Bryat）在他的詩作〈死亡論〉（Thanatopsis）加上最後一段時，只有二十七歲，但他已了解死亡，就像許多詩人一樣：

所以活著的人，當你被召募加入
熙攘接踵的旅隊，移往
神祕的國度，在死亡安靜的大廳中，
人人進入自己的房間；
勿像夜間採石場奴隸一樣被鞭打趕入地牢，
而應以不變的信念
堅毅而寬心地邁向墳墓。
放下了臥榻的帷簾
躺下來，做個好夢。

Postscript

譯後記　了解真相，才有選擇

身為一個剛淺觸便暫別醫業的醫科畢業生，對於這本由醫界前輩所寫的書，除了戒慎恐懼，還是戒慎恐懼。

數百年來，人類一直掙扎著想做自己的主人，但還是不情願地降服於死亡的腳下，許爾文．努蘭在書中真誠地揭露了死亡醜惡與可憎的一面，並期望以「了解死亡」來賦予死亡一個新的意義：以屬於自己的方式死亡。

一年匆促的醫院實習生活，司空見慣的「醫學式死亡」鮮少被反思，在新世紀思潮與新醫學倫理的波瀾下，努蘭的觀點的確精采。但暫且不以社會資源、醫療倫理的觀點來看，縈繞在我思維的存在思想告訴我：真實的存有與現實間的闇割，是一種難以化解的存在悲哀，那麼人們期盼平靜死亡與現實磨難之間的鴻溝，是否要用虛弱且蒼白的雙手去做橋梁，然後痛苦地跨過，然後失敗，然後再去面對現實？

死亡是宗教的，神祕的，神話的，卻也是科學的，生物的；死亡是突然的，瞬間的，卻也是漸進的，腐蝕的；死亡，本身就是一種荒謬。但是，社會人看死亡，只看一角，自然人看死亡，也只看一角；當自己或所愛的人面臨死亡時，情緒又扭曲了一切的真相。努蘭試著把死亡的實際剖開，讓無知的恐懼先消失，再去決定屬於每個人的死亡方式。在他的觀念中，人，畢竟也只是一種生物，是大自然的一景一物，終究要在難以抗拒的力量下，回歸天地，抵抗這力量，只是徒然。

我想，每個人有每個人的思想與主觀意志，戴上努蘭的眼鏡，死亡變得更清晰，但是，這無關於你是新世紀運動者、佛教徒、基督徒或是無神論者的事實。我們有權利在了解死亡的科學真相後，去選擇自己所要的死亡形象與死亡方式，但前提是——了解真相，才會有正確的選擇。

八十三年十一月四日於金門

科學人文 71

死亡的臉：一位外科醫師的生死現場（二十七週年紀念版）

How We Die: Reflections on Life's Final Chapter

作者　許爾文・努蘭（Sherwin B. Nuland）
譯者　楊慕華
主編　陳怡慈
責任編輯　文雅、蔡佩錦
執行企劃　林進韋
美術設計　Jupee
內頁排版　SHERTING WU
董事長　趙政岷
出版者　時報文化出版企業股份有限公司
108019 台北市和平西路三段240號一至七樓
發行專線｜02-2306-6842
讀者服務專線｜0800-231-705｜02-2304-7103
讀者服務傳真｜02-2304-6858
郵撥｜1934-4724 時報文化出版公司
信箱｜10899台北華江橋郵局第99信箱
時報悅讀網　www.readingtimes.com.tw
電子郵件信箱　ctliving@readingtimes.com.tw
人文科學線臉書　www.facebook.com/jinbunkagaku
法律顧問　理律法律事務所｜陳長文律師、李念祖律師
印刷　勁達印刷有限公司
初版　1995年5月
二版　2009年12月
三版　2019年7月
三版四刷　2023年7月7日
定價　新台幣380元

時報文化出版公司成立於一九七五年，並於一九九九年股票上櫃公開發行，於二〇〇八年脫離中時集團非屬旺中，以「尊重智慧與創意的文化事業」為信念。

ISBN 978-957-13-7866-4｜Printed in Taiwan

死亡的臉：一位外科醫師的生死現場（二十七週年紀念版）／許爾文・努蘭（Sherwin B. Nuland）著；楊慕華 譯. - 三版. -- 臺北市：時報文化, 2019.7｜336面；14.8x21公分. --（科學人文; 71）｜譯自：How We Die: Reflections on Life's Final Chapter｜ISBN 978-957-13-7866-4（平裝）｜1.死亡 2.生命終期照護｜397.18｜108010439